★ 学府全日制　考研教

1. 全国唯一自建考研全日制校区

学府考研全日制校区位于西安市长安区马王镇西周车马坑遗址保护区内，占地60亩，是全国最大也是唯一自建考研全日制集训专用校区。

2. 全封闭军事化管理、高三式辅导

校区开设半年、暑假、秋季、冲刺全日制考研集训及名校定向协议保录全日制集训，提供全封闭教学、高三式辅导，吃住学一站式服务。

3. 自主研发标准化教学、教材体系

教学体系及所有上课教材、讲义均由学府教研团队历时三年自主研发而成，具有极强的针对性和辅导效果，历经数万学员检验，成效显著。

4. 完善的学管师、班主任督学服务

全职学管师、班主任提供全程管家式服务，真正做到一个学员一套学习计划、一套辅导方案。

开设班型

普通全日制集训	会计硕士全日制集训
热门专业全日制集训	个性化名校精英定制全日制集训
名校定向协议保录全日制集训	个性化1对1名校定向协议保录全日制集训

更多详情请扫描下方二维码

扫一扫关注微博

扫一扫关注微信

学府全日制校区 校园实景

位于陕西省西安市长安区马王镇
国家重点文物保护单位西周车马坑遗址保护区内
全封闭校园环境优美，绿树成荫，是考生学习的绝佳场所

全日制校区欢迎您的到来~

应用心理硕士

名校真题真练

◎ 主编 笔为剑 司马紫衣

  世界图书出版公司

西安 北京 上海 广州

图书在版编目（CIP）数据

应用心理硕士名校真题真练／笔为剑，司马紫衣主编. —西安：世界图书出版西安有限公司，2017.7
ISBN 978 - 7 - 5192 - 3184 - 2

Ⅰ．①应… Ⅱ．①笔… ②司… Ⅲ．①应用心理学—研究生—入学考试—题解 Ⅳ．①B849 - 44

中国版本图书馆 CIP 数据核字（2017）第 170682 号

书　　名	应用心理硕士名校真题真练
	Yingyong Xinli Shuoshi Mingxiao Zhenti Zhenlian
主　　编	笔为剑　司马紫衣
责任编辑	王会荣
装帧设计	西安易学府图书有限公司
出版发行	世界图书出版西安有限公司
地　　址	西安市北大街 85 号
邮　　编	710003
电　　话	029 - 87214941　87233647（市场营销部）
	029 - 87234767（总编室）
网　　址	http://www.wpcxa.com
邮　　箱	xast@ wpcxa.com
经　　销	新华书店
印　　刷	陕西思维印务有限公司
开　　本	787mm×1092mm　　1/16
印　　张	14.25
字　　数	290 千字
版　　次	2017 年 7 月第 1 版　2017 年 7 月第 1 次印刷
国际书号	ISBN 978 - 7 - 5192 - 3184 - 2
定　　价	42.80 元

风雨考研路　学府伴你行

"学府考研"是学府教育旗下专业从事考研辅导的品牌!

"学府考研"是一个为实现人生价值和理想而欢聚一堂的团队。2006年从30平方米办公室起步,历经十年,打造了一个考研培训行业的领军品牌。如今学府考研已发展成为集考研培训、图书编辑、在线教育为一体的综合性教育机构,扎根陕西,服务全国。

学府考研的辅导体系满足了考研学子不同层面的需求,主要以小班面授教学、全日制考研辅导、网络小班课为核心,兼顾大班教学、专业课一对一辅导等多层次辅导。学府考研在教学中的"讲、练、测、评、答"辅导体系,解决了考研辅导"只管教,不管学"的问题,保证学员在课堂上听得懂,课下会做题。通过定期测试,掌握学员的学习进度,安排专职教师答疑,保证学习效果。总结多年教学实践经验,学府考研逐渐形成了稳定的辅导教学体系,尽量做到一个学员一套学习计划、一套辅导方案,大大降低了学员考取目标院校的难度。在公共课教学方面,实现零基础教学;在专业课方面,建立了遍及全国各大高校的研究生专业信息资源库,解决考生跨院校、跨专业造成的信息不对称、复习资料缺乏等难题。

"学府考研"的使命是帮助每一个信任学府的学员都能考上理想院校。

学府文化的核心是"专注文化"。

"十年专注,只做考研"。因为专业,所以深受万千考研学子信赖!

"让每一个来这里的考研学子都成为成功者。"正是这种责任,让学府考研快速成为考生心目中当仁不让的必选品牌。

人生能有几回搏,三十年太长,只争朝夕!

同学们,春华秋实,为了实现理想,努力吧!

**学府考研
总 部** | 全国统一客服电话 | **400-090-8961**
陕西·西安友谊东路75号新红锋大厦三层

学府官方微博

学府官方微信

致学府图书用户

亲爱的学府图书用户：

　　您好！欢迎您选择学府图书，感谢您信任学府！

　　"学府图书"是学府考研旗下专业从事考研教辅图书研发的图书公司！

　　为了更好地为您提供"优质教学、始终如一"的服务，对于您所提出的宝贵意见与建议，我们向您深表感谢！

　　若我们的图书质量或服务未达到您的期望，敬请您通过以下联系方式进行告知。我们珍视并诚挚地感谢您的反馈，谢谢您！

　　在此祝您学习愉快！

　　学府图书全国统一客服电话：400-090-8961

　　学府图书质量及服务监督电话：15829918816

　　学府图书总经理投诉电话：张城 18681885291 投诉必复！

　　您也可将信件投入此邮箱：34456215@qq.com 来信必回！

图书微博　　　　　　　　　　图书微信　　　　　　　　　　图书微店

前言

Preface

    真题是各校命题老师们集体智慧的结晶,题目经典,又有规律可循。为了帮助广大考生能够在较短的时间内,准确理解和熟练掌握考研应用心理硕士考试的出题方式和解题规律,全面提高解题能力,进而能更好地驾驭考试,本书汇集了30所高校(北京师范大学、北京大学、华东师范大学、华南师范大学、西南大学、浙江大学、华中师范大学、南京师范大学、首都师范大学、天津师范大学、陕西师范大学、山东师范大学、湖南师范大学、上海师范大学、东北师范大学、江西师范大学、辽宁师范大学、苏州大学、清华大学、南开大学、四川大学、复旦大学、上海交通大学、浙江师范大学、吉林大学、曲阜师范大学、西北大学、云南师范大学、中央财经大学、鲁东大学)的82套应用心理硕士考试真题,精心编写了这本书。

    结合这几年应用心理硕士考试,虽然不同院校考查科目以及内容有所不同,但是整体而论,重难点考查比较稳定,掌握了这些重难点,我们就等于成功了一半。练真题并反复揣摩是有效把握这些重难点的最佳途径。考生们可以思考考过的知识点会再从什么角度命题,如何与没有考过的知识点结合起来考查,进而复习没有考过的知识点,这就可以从深度、广度上全方位把握知识点。因此,真题可以最有效地暴露考生的不足和复习误区,提供更有效的复习思路和策略;甚至可以说,真题就是最好的"辅导老师",它会告诉我们考什么、怎么考,反过来又指导考生思考如何应对,也只有真题体现了考试所要求的能力、方法。

    本书主要按照教育部发布的《347心理学专业综合大纲》来编排内容,同时也根据各校命题的实际情况而增加了统计、测量、实验三个科目。真题考点以章为主,罗列清晰,题后标有相应的学校和年份,这样有利于同学们系统地学习、及时掌握重点考题、了解各院校考题分布走向。

    本书的编写参考了心理学研究生入学考试试题、国内经典教材和相关优秀教辅,以期为考生的复习提供帮助。由于各校都没有公布真题答案,且作者水平有限,尽管在编写过程中努力不断完善,但有些问题的阐述还不够全面,书中错误和不足之处在所难免,恳请广大读者批评指正。

笔为剑

2017年6月于江西师范大学

致　谢

经过数月的苦战,无数次的修订和校对,这本书终于完工了。在此,向所有参加过本书编写和校对的朋友表示感谢!

参与写作名单:王东东(笔名司马紫衣,北京大学),杨博文、曾雨露、张敏、张万强(以上4人来自湖南师范大学),姚玲、柴佳男、覃舒(以上3人来自华东师范大学),周婷、宋萍芳、叶佩珏、张峰萍(以上4人来自华南师范大学),谭冬冬、骈世琦、余安(以上3人来自华中师范大学),迟美立、潘星星(以上2人来自西南大学),胡博文、赖颖、吕丹萍、钱梦婷、葛未央(以上5人来自南京师范大学),龙曦、糜蒙蔓、徐玉婷、王理理(以上4人来自苏州大学),孟丹婷(山东师范大学)。

参加校对的研究生有:张群、张树飞、谢晓媛、谭捷、黎莉(以上5人来自华南师范大学),荣硕、王昌成、董柔纯(以上3人来自华中师范大学),游雅媛、张飘、李逸民、大杨婷婷、小杨婷婷、谢佩、谭青蓉、陈云、练晨新、欧阳威(以上10人来自江西师范大学),刘彦(内蒙古师范大学),尹锡杨(宁波大学),张益菡(闽南师范大学)。

目 录

ontents

第一部分 心理学导论

第一章　心理学概述

一、单项选择题

1. 科学心理学诞生于(　　)【西南大学 2014；中央财经大学 2015】

　A. 1864 年　　　　　B. 1879 年　　　　　C. 1903 年　　　　　D. 1920 年

【答案】B

【考点】心理学导论；心理学概述。

【解析】1879 年，冯特在德国莱比锡大学建立世界上第一个心理学实验室，用实验方法研究各种最基本的心理现象，标志着科学心理学的诞生，也是心理学脱离哲学怀抱、走上独立发展道路的标志。

2. 1879 年，在德国莱比锡大学创建了世界上第一个心理学实验室的心理学家是(　　)【江西师范大学 2011】

　A. 冯特　　　　　　B. 艾宾浩斯　　　　　C. 詹姆斯　　　　　D. 铁钦纳

【答案】A

【考点】心理学导论；心理学概述。

【解析】冯特在德国莱比锡大学建立的世界上第一个心理学实验室被认为是心理学脱离哲学怀抱、走上独立发展道路的标志。

3. 心理学源于(　　)【西南大学 2014】

　A. 宗教　　　　　　B. 哲学　　　　　　C. 历史学　　　　　D. 生理学

【答案】B

【考点】心理学导论；心理学概述。

【解析】心理学有两大源头，一个是西方近代哲学，另一个是兴起于十九世纪的实验生理学。心理学一词来源于希腊文，意指"灵魂的学说"。像其他学科一样，早期的心理学孕育于哲学之中。直到 19 世纪中叶，神经生理学得到发展，它科学的研究方法被应用于心理学的研究中，促使心理学从哲学中分离出来，成为一门独立的专门研究心理现象的科学。所以我们说心理学源于哲学。

4. 心理过程包括(　　)【西南大学 2014】

　A. 认知、情感和意志　　　　　　　　　B. 能力、气质和性格

　C. 知、情、意和能力　　　　　　　　　D. 感觉、知觉、记忆和思维

【答案】A

【考点】心理学导论；心理学概述。

【解析】心理过程是指心理现象发生、发展和消失的过程,具有时间上的延续性。心理过程包括:①认知过程(知):人在认识客观世界的活动中所表现的各种心理现象。认知过程包括感觉、知觉、记忆、思维、想象等。②情感过程(情):人认识客观事物时产生的各种心理体验过程。③意志过程(意):人们为实现奋斗目标,努力克服困难,完成任务的过程。在意志过程中产生的行为就是意志行为(行)。

5. 强调心理和行为的整体性是( )心理学的主要特点。【西南大学 2014】

A.机能主义　　　　B.格式塔　　　　C.构造主义　　　　D.精神分析

【答案】B

【考点】心理学导论;心理学概述;心理学主要流派。

【解析】格式塔学派强调心理的整体性,格式塔在德文中即是完整的意思。构造主义强调心理的组成元素,机能主义强调心理的适应及作用。

6. 把人的心理活动看作是信息处理系统的是( )【江西师范大学 2011】

A.精神分析心理学　　　　　　B.人本主义心理学

C.认知心理学　　　　　　　　D.格式塔心理学

【答案】C

【考点】心理学导论;心理学概述;心理学主要流派。

【解析】认知心理学是以信息加工观点为核心的心理学,又称作信息加工心理学。它将人看作一个信息加工系统,认为认知就是信息加工,包括感觉输入的变换、加工、存储和使用的全过程。

7. 行为主义创始人是( )【南京师范大学 2016】

A.亚里士多德　　B.华生　　　　C.冯特　　　　D.詹姆斯

【答案】B

【考点】心理学导论;心理学概述;心理学主要流派。

【解析】华生发表了《在行为主义者看来的心理学》,宣告了行为主义的诞生。

8. 与早期行为主义关系最密切的概念是( )【西南大学 2014】

A.内省实验法　　B.自我实现　　C.环境决定论　　D.潜意识

【答案】C

【考点】心理学导论;心理学概述;心理学主要流派。

【解析】内省实验法是构造主义的基本研究方法。自我实现是人本主义的主要概念。弗洛伊德把无意识分为前意识和潜意识,无意识(尤其是潜意识)是精神分析学派的主要研究对象。环境决定论是早期行为主义的主要主张,代表人物是华生。

9. 卡尔·罗杰斯是位( )的心理学家。【西南大学 2014】

A.人本主义　　B.精神分析　　C.认知心理学　　D.行为主义

【答案】A

【考点】心理学导论;心理学概述;心理学主要流派。

【解析】罗杰斯是人本主义心理学家的代表人物之一。除此之外还有马斯洛等。精神分析的代表人物是弗洛伊德、安娜·弗洛伊德、荣格、阿德勒等。认知心理学的代表人物有皮亚杰(广义的认知心理学侧重研究人的认识过程,狭义的认知心理学专指信息加工认知心理学。从广义上说,皮亚杰属于认知心理学的代表人物,而从狭义上说则不是)、奈瑟尔、西蒙等。行为主义的代表人物有华生、斯金纳、班杜拉等。

10. 精神分析学派的创立者是(　　)【中央财经大学2015】

A. 笛卡尔　　　　　B. 华生　　　　　C. 弗洛伊德　　　　　D. 罗杰斯

【答案】C

【考点】心理学导论;心理学概述;心理学主要流派。

【解析】精神分析学派的创立者是弗洛伊德。华生是行为主义的代表人物之一。罗杰斯是人本主义的代表人物之一。笛卡尔生活的年代还没有科学心理学。

11. 采用实验内省法分析意识的心理学家是(　　)【西南大学2014】

A. 斯伯林　　　　　B. 冯特　　　　　C. 艾宾浩斯　　　　　D. 弗洛伊德

【答案】B

【考点】心理学导论;心理学概述;心理学主要流派。

【解析】斯伯林采用部分报告法证明了感觉记忆的存在,其容量相当大。采用内省法分析意识的是构造主义的心理学家,有冯特和铁钦纳等人。艾宾浩斯是第一个用实验法、节省法研究记忆的心理学家,并发现了记忆的遗忘曲线。弗洛伊德是采用精神分析方法研究人的潜意识的心理学家。

12. 就某一问题要求被调查者回答自己的想法或做法,以此来分析,推测群体的态度和心理特征的研究方法称为(　　)【江西师范大学2011】

A. 调查法　　　　　B. 实验法　　　　　C. 测验法　　　　　D. 观察法

【答案】A

【考点】心理学导论;心理学概述;心理学研究方法。

【解析】实验法是在控制条件下,系统操纵自变量的变化来解释自变量和因变量的内在关系的方法。测验法是采用经过标准化的测验工具来测量心理品质的一种方法。观察法是在自然条件下,对表现心理现象的外部活动进行有系统、有计划的观察,从中发现心理现象产生和发展的规律的方法。

13. 能够揭示变量之间因果关系的方法是(　　)【西南大学2014】

A. 观察法　　　　　B. 调查法　　　　　C. 个案研究法　　　　　D. 实验法

【答案】D

【考点】心理学导论;心理学概述;心理学的研究方法。

【解析】观察法是在自然条件下,对表现心理现象的外部活动进行有系统、有计划的观察,从中发现心理现象产生和发展规律的方法。调查法是指通过提问的方式,要求被调查者就某个问题或某些问题回答自己的想法,进而研究心理现象的一种方法。个案法是对某个人进行深入而详尽的观察与研究,以便发现影响某种行为和心理现象的原因。实验法是在控制条件下,系统地操纵自变量的变化来解释自变量和因变量的内在关系的方法。

二、多项选择题

1. 人的心理是(　　)【西南大学 2014】

A. 脑的机能的体现　　　　　　　　　B. 客观现实的反映

C. 大脑活动的产品　　　　　　　　　D. 一种看得见的现象

【答案】AB

【考点】心理学导论;心理学概述。

【解析】心理是脑的机能,脑是心理活动的器官;心理是大脑活动的结果,却不是大脑活动的产品;心理是客观现实的反映,而且这种映像本身是看不见、摸不着的。

三、名词解释

1. 社区心理学【苏州大学 2016】

【答案】属于应用心理学的一个重要分支,针对社区人群和社会组织状态而从事心理学研究和服务。

四、简答题

1. 简述当代心理学的研究取向。【浙江大学 2013;首都师范大学 2014】

【考点】心理学导论;心理学概述。

扫一扫,看视频

【解析】当代心理学的研究取向有:

(1)生理心理学的研究取向。

主张用生理心理学的观点和方法研究心理现象和行为,认为所有的高级心理功能都和生理功能(特别是脑的功能)有密切的关系。生理心理学探讨的是心理活动的生理基础和脑机制。从解剖生理学的研究发现大脑机能定位(布洛卡和威尔尼克),到心理活动时大脑物质代谢变化的生化研究,再到脑电波(ERP)、脑成像技术(fMRI)的应用,都不断地加深着人们对感知觉、记忆、思维和情绪机制,乃至于人格特征、智力活动与脑的关系的认识。

(2)认知心理学的研究取向。

20 世纪 50 年代末,心理学界中出现了一种新的研究范式——认知心理学。1956 年被认为是认知心理学史上的重要年份。这一年几项心理学研究都体现了心理学的信息加工观点,如乔姆斯基的语言理论和纽厄尔与西蒙的"通用问题解决者"模型。"认知心理学"第一次在出版物中出现是在 1967 年奈瑟的新书《认知心理学》。

认知心理学把人看作是一个类似于计算机的信息加工系统,并以信息加工的观点,即从信

第一部分

息的输入、编码、转换、储存和提取等加工过程来研究人的认知活动。认知心理学用模拟计算机的程序来建立人的认知模型，并以此作为揭示人的心理活动规律的途径。认知心理学和计算机科学的结合开辟了人工智能的新领域。当前，认知心理学又与认知神经科学相结合，把行为水平的研究与相应的大脑神经过程的研究结合起来，更加深入地探讨认知过程的机制。

（3）人本主义和积极心理学的研究取向。

人本主义心理学是由美国心理学家马斯洛和罗杰斯于五十年代创立的，被称为现代心理学上的第三势力。它既反对把人的行为归结于本能和原始冲动的弗洛伊德主义，也反对不管意识，只研究刺激和反应之间联系的行为主义。人本主义认为人有自我的纯主观意识，有自我实现的需要，只要有适当的环境，人就会努力去实现自我，完善自我，最终达到自我实现。人本主义重视人自身的价值，提倡充分发挥人的潜能。强调研究健康人的心理或者健康的人格，强调研究人类中出类拔萃的精英，强调人的潜能和价值，人性的美好。

近年来，一些心理学家进一步提出了积极心理学的主张。在他们看来，心理学应该关注个体和团体的积极因素。心理学的目标应该是促进个体的发展，社会的繁荣和幸福并预防问题的产生。在研究方法上，不仅接受了人本主义的现象学方法，也接受了实验心理学的实证研究方法，比人本主义心理学前进了一步。

（4）进化心理学。

运用进化论的思想对人类心理的起源和本质进行研究，强调自然选择对人类普遍行为倾向的塑造作用。认为人类的心理机制也是自然选择的结果。

2.简要说明心理学研究的主要方法。【北京大学2015】

【考点】心理学导论；心理学研究方法。

【解析】心理学是一门科学，和其他学科一样，应该采用客观的研究方法。心理学的研究方法主要有观察法、测验法、相关法、实验法和个案研究法。

（1）观察法。

观察法是指在自然条件下，对表现心理现象的外部活动进行有系统、有计划地观察，从中发现心理现象产生和发展的规律性。如观察婴儿跟母亲的互动，可以了解婴儿依恋的情况。

（2）心理测验法。

测验法是指用一套预先经过标准化的问题（量表）来测量某种心理品质的方法。心理测验对发现心理过程的一般特性、它们的相互依存性和在不同情况下的变异性都有相当的科学价值。心理测验要注意两个基本要求，即测验的信度和效度。

（3）相关法。

相关是事物间的一种关系。相关法是心理学研究的另一种方法，许多心理学的研究都是在寻找相关，例如社会经济地位和智力发展的关系，大脑激活部位与行为的关系。两个事物的相关程度或强度可以用相关系数表示，但相关本身不能提供因果信息。

（4）实验法。

在控制条件下对某种心理现象进行观察的方法叫实验法。在实验中,研究者可以积极干预被试的活动,创造条件使某种心理现象得以产生并重复出现。实验法分为自然实验和实验室实验。实验室实验是借助专门的实验设备,在对实验条件严加控制的情况下进行的。自然实验也叫现场实验,在某种程度上克服了实验室实验的缺点,虽然也做控制,但它是在人们正常学习和工作的情境下进行的。实验法是心理学最重要的研究方法,是能够得出因果关系的方法。

(5)个案法。

个案法由医疗中的问诊方法发展而来,要求对某个人进行深入而详尽的观察与研究,以便发现影响某种行为和心理现象的原因。个案法并不是一种单一的方法,它有可能包含观察法、测验法、传记研究、访谈法等等,这样可以收集更丰富的个人资料。由于个案法只能使用少数案例,研究结果可能仅适用于个别情况,因此在推广时必须持谨慎的态度。

3. 简述情绪、意志与认知之间的关系。【西南大学 2014】

【考点】心理学导论;心理学概述。

【解析】认知过程是人在认识客观世界的活动中所表现的各种心理现象。认知过程包括感觉、知觉、记忆、思维、想象等。情感过程是人认识客观事物时产生的各种心理体验过程。意志过程是人们为实现奋斗目标,努力克服困难,完成任务的过程。这三者共同构成了心理过程,互相影响、互相渗透。

(1)意志过程与认知过程的关系。

①认知过程是意志活动的前提和基础。

人的意志活动受目的的支配,这种目的不是与生俱来的,也不是凭空想象出来的,意志过程与其他心理现象一样是反映外界客观事实的,是人的认知活动的结果。

②意志是在认知活动的基础上产生的,又反过来对认知活动产生巨大的影响。

一切随意的、有目的的认知过程,如学习一种新技术、观察一个事物、了解一个事件等,都要求人的意志努力。

(2)意志过程与情绪过程的关系。

①意志过程受到情绪过程的影响。

情绪渗透在人的意志行动的全过程。人总是在对事物持有一定的态度、抱有某种倾向的情况下进行意志行动的。

②意志对情绪有调节和控制的作用。

意志坚强的人,能够控制和驾驭自己的情绪,把消极情绪转变为积极情绪,做自己情绪的主人。相反,意志薄弱的人,不能调节和控制自己的情绪,达不到预定的目标。

(3)认知过程与情绪过程的相互作用。

认知过程可以对情绪过程产生影响。例如理性情绪疗法认为,人们持有的不合理认知模式会产生负性情绪。同时,情绪过程对认知过程亦有作用。有研究指出,面对相同的任务,抑郁症患者较正常人相比,需要更长的认知加工时间。

五、论述题

1. 论述:心理学诞生之初至二十世纪三十年代,各个学派的观点之争如何促进了心理学发展?【北京师范大学 2015】

扫一扫,看视频

【考点】心理学导论;心理学的主要流派。

【解析】从十九世纪末到二十世纪三十年代,多个心理学的流派纷纷登场,包括:

①构造主义。以冯特、铁钦纳为代表,将内省和实验相结合,主张研究人们的直接经验,将人的经验分为感觉、意象和激情状态三种元素。

②精神分析。以弗洛伊德、荣格为代表,以治疗精神疾病的临床实践经验为来源,强调人们应该研究无意识经验。

③机能主义。以詹姆斯和安吉尔为代表,反对将意识进行切分,强调意识的过程性和功能性,重视思维在人类适应行为中的作用。

④行为主义。以华生、斯金纳为代表,反对研究意识,主张研究可见的行为,反对内省,强调实验。

⑤格式塔学派。以韦特海默、考夫卡、苛勒、勒温为代表,反对将意识分为元素,强调意识的整体性,认为整体不能还原为部分。

在这个时期,各派心理学在研究对象、研究领域、研究方法以及对心理现象的理解等方面都存在尖锐的分歧。在心理学早期,由于某些新的事实的发现,而新事实不能在旧理论体系中得到正确解释,而产生了对新理论的需要,导致了新的思潮和新的学派的产生。正是这些流派从不同的侧面丰富和发展了心理学的宝库,例如精神分析将研究领域拓展到了无意识,将个案分析补充进了心理学的研究方法,意识在反复地争论中确立了其心理学的研究地位。疯狂的争论使得心理学的研究对象、研究领域、研究方法都迅速明确起来,使得二十世纪三十年代后各派之间开始相互吸收、相互融合。

第二章 心理的神经机制

一、单项选择题

1. 反射活动的结果作为一种新刺激传入中枢,并进一步影响中枢的活动,使之更有效的调节效应器的活动,这一过程称为( )【西南大学 2014】

　　A. 反射　　　　　　B. 反馈　　　　　　C. 反应　　　　　　D. 返回传递

【答案】 B

【考点】 心理学导论;心理的神经机制。

【解析】 反射是有机体在神经系统参与下对内外环境做出的规律性应答。反馈是反射活动结果回传到神经中枢,进而更有效地调节效应器的过程。

2. 对裂脑人进行精细实验研究,揭示了脑半球功能的不对称性,并获得诺贝尔奖的学者是( )【南京师范大学 2014】

　　A. 斯伯林　　　　　B. 斯佩里　　　　　C. 艾宾浩斯　　　　D. 弗洛伊德

【答案】 B

【考点】 心理学导论;心理的神经机制。

【解析】 斯佩里进行了割裂脑研究。在切断胼胝体的情况下,分别对大脑两半球的功能进行研究,获得了重要资料,斯佩里也由此获得了诺贝尔奖。

3. 神经元之间传递神经冲动的部位是( )【南京师范大学 2015】

　　A. 树突　　　　　　B. 突触　　　　　　C. 轴突　　　　　　D. 髓鞘

【答案】 B

【考点】 心理学导论;心理的神经机制。

【解析】 一个神经元与另一神经元彼此接触的部位是突触。突触保证了神经冲动从一个神经元传递到与它相邻的另一个神经元。

二、名词解释

1. 反射弧【苏州大学 2015】

【答案】 反射弧是最简单的一种神经回路,由感受器、传入神经、神经系统的中枢部位、传出神经和效应器组成。

2. 神经回路【首都师范大学 2014】

【答案】 神经元与神经元通过突触建立联系,构成了极端复杂的信息传递和加工的神经回路。单个神经元极少单独地执行某种功能,神经回路才是脑内信息处理的基本单位。最简单的神经回路是反射弧。

三、简答题

1. 简述脑功能学说。【华南师范大学 2015】

【考点】心理学导论;心理的神经机制。

【解析】(1)定位说。

定位说始于加尔和斯柏兹姆的颅相学。它认为,人的心理功能是和脑的某一特定部位有关的,即某人有某种特点,则他的大脑就会有相应的特点,并反映到颅骨上。真正的定位理论提出开始于 19 世纪 60 年代失语症的研究,布洛卡区和威尔尼克区的发现都使人们相信语言是有特定脑区的。加拿大医生潘菲尔德用电刺激大脑颞叶发现,这种做法能激发人对童年经历的回忆。这些事实都支持了定位学说。

(2)整体说。

整体说最早是由弗罗伦斯提出,他认为大脑是以整体发生作用的,大脑的不同部位对心理功能产生同等程度的影响。弗罗伦斯用局部毁损法实验得出结论:动物功能的丧失和皮层切除的大小有关,与特定部位无关。20 世纪拉什利通过小白鼠实验提出了两条原理:①均势原理,大脑皮层的各个部分几乎以均等的程度对学习发生作用。②总体活动原理,大脑以总体发生作用,学习活动的效率与大脑受损伤的面积大小成反比,与受损的部位无关。

(3)机能系统学说。

鲁利亚认为大脑是一个动态的结构,是一个复杂的动态机能系统,由三个机能系统组成:①调节激活和维持觉醒状态的机能系统,也叫动力系统,由脑干网状结构和边缘系统组成。其基本作用是保持大脑皮层的一般觉醒状态,提高兴奋性和感受性,实现对行为的自我调节。②信息接收、加工和储存系统,位于大脑皮层的后部。其基本作用是接收来自机体内外的各种刺激,对它们进行加工,并把他们保存下来。③行为调节系统,是编制行为的程序、调节和控制行为的系统,包括额叶广大脑区。其主要作用是直接调节对身体各部位的动作反应。鲁利亚认为,三个机能系统相互作用、协调活动,既分工又合作,保证了各种心理活动和行为的完成。

(4)机能模块说。

机能模块学说是 20 世纪 80 年代在认知科学和认知神经科学的研究中出现的学说。它认为,人脑在结构和功能上是由高度专门化并相对独立的模块组成的,这些模块的结合是实现认知功能的基础。这一理论得到了认知神经科学的研究成果的支持。

(5)神经网络学说。

各种心理活动,特别是一些高级复杂的认知活动,都是由不同脑区协同活动构成的神经网络来实现的,这些脑区可以经由不同神经网络与不同的认知活动,并在这些认知活动中发挥不同的作用。这些脑区组成的动态神经网络构成了各种复杂认知活动的神经基础。格奇温德是较早用神经网络观点来描述语言产生的一位神经科学家。

第三章	感　觉

一、单项选择题

1. 最简单、最低级的心理现象是(　　)【江西师范大学 2011】

A. 感觉　　　　　　B. 知觉　　　　　　C. 记忆　　　　　D. 思维

【答案】A

【考点】心理学导论;感觉;感觉概述。

【解析】感觉是对直接作用于感觉器官的客观事物的个别属性的反映,是一切较高级、较复杂的心理现象的基础,是人的全部心理现象的基础。知觉是对直接作用于感觉器官的客观事物的整体属性的反映。感觉、知觉直接接受外界刺激输入,并对输入的刺激进行初级的加工。记忆是在头脑中积累和保存个体经验的过程,是对输入的刺激进行编码、存储和提取的过程。思维是人脑对客观事物的认识,是对输入的刺激进行更深层次的加工。

2. "入芝兰之室,久而不闻其香;入鲍鱼之肆,久而不闻其臭"这说明感受性产生了(　　)【江西师范大学 2011】

A. 感觉适应　　　　　　　　　B. 感觉对比

C. 感觉后像　　　　　　　　　D. 感觉的相互作用

扫一扫,看视频

【答案】A

【考点】心理学导论;感觉;感觉现象。

【解析】感觉适应是指感受器在刺激持续作用下产生的感受性的变化。"入芝兰之室,久而不闻其香;入鲍鱼之肆,久而不闻其臭"是嗅觉的适应。感觉对比是指同一感受器在不同刺激作用下,感受性在强度和性质上发生变化的现象。感觉后像是指刺激物对感受器的作用停止后,感觉现象并不立即消失,它能保留一个短暂的时间现象。感觉的相互作用是指在一定条件下,各种不同的感觉都可能发生相互作用,从而使感受性发生变化的现象。

3. 在外界刺激持续作用下,感受性发生变化的现象叫(　　)【西南大学 2014】

A. 感觉适应　　　　B. 感觉后像　　　　C 感觉对比　　　　D. 联觉

【答案】A

【考点】心理学导论;感觉;感觉现象。

【解析】感觉适应是感觉系统对连续无变化的刺激反应减少的倾向。感觉后像是指刺激物对感受器的作用停止后,感觉现象并不立即消失,保留短暂时间的现象。感觉对比是指同一感受器在不同刺激作用下,感受性在强度和性质上发生变化的现象。感觉的相互作用是指在一定条件下,不同感觉相互作用,从而使感受性发生变化的现象。联觉是其中的一种。

4. 感受性与感觉阈限之间的关系是(　　)【西南大学 2014】

A. 正常关系　　　　B. 对数关系　　　　C. 正比关系　　　　D. 反比关系

【答案】D

【考点】心理学导论;感觉;感觉测量。

【解析】感受性是指人对刺激物的感觉能力。感觉阈限是测量人感觉系统感受性大小的指标。一般情况下,感受性越高,感觉阈限越低。二者成反比。

5. 下面哪一类感觉不属于皮肤感觉? (　　)【江西师范大学 2014】

A. 触压觉　　　　B. 机体觉　　　　C. 温度觉　　　　D. 痛觉

【答案】B

【考点】心理学导论;感觉。

【解析】皮肤感觉包括触觉、冷觉、温觉、痛觉等。痛觉的感受器是皮肤下各层的自由神经末梢。皮肤感觉属于外部感觉。机体觉,属于内部感觉,又称内脏感觉,是内脏活动的感觉。

6. 声音的基本特征是(　　)【江西师范大学 2011】

A. 音调和响度　　　　　　　　　　B. 响度和音色

C. 音调和音色　　　　　　　　　　D. 音调、响度和音色

【答案】D

【考点】心理学导论;感觉;听觉。

【解析】声音的基本特征有响度:人主观上感觉声音的大小(俗称音量),由"振幅"决定,振幅越大,响度越大;音调:声音的高低(高音、低音),由"频率"决定,频率越高,音调越高,人耳听觉范围 20 ~ 20 000 Hz(也有的书上写 16 ~ 20 000 Hz);音色:声音的特性(波形),由发声物体本身材料、结构决定。

7. 色觉异常的人通常靠(　　)来辨认颜色。【西南大学 2014】

A. 色调　　　　B. 明度　　　　C. 饱和度　　　　D. 照度

【答案】B

【考点】心理学导论;感觉。

【解析】色觉障碍包括色盲和色弱两大类。色盲是指辨色能力消失;色弱是指对颜色辨认能力降低。色觉异常绝大多数是遗传造成的。因为颜色差别通常和明度差别相关,所以场景中的物体可以被区分出来,并且看起来是不同的灰色阴影。通过呈现不同色度或明度的刺激,研究人员发现全色盲的患者在分辨不同色调上存在困难,然而他们在分辨明度的能力虽然不是正常的,却要比分辨色调好得多。因为他们对明度非常敏感,所以能分辨很细微的明度上的差别。

8. 痛觉的生物意义在于(　　)【西南大学 2014】

A. 它可以增强一个人的意志力　　　　B. 它使我们感受到生活的真实

C. 它能使我们更加适应环境　　　　　D. 它对机体具有保护性的作用

【答案】D

【考点】心理学导论;感觉;其他感觉。

【解析】痛觉是指有机体受到伤害性刺激所产生的感觉。痛觉具有重要的生物学意义,它是有机体内部的警戒系统,能引起防御性反应,具有保护作用。

二、名词解释

1.绝对感觉阈限【首都师范大学 2014】

【答案】刚刚能引起感觉的最小刺激强度(物理能量)叫作绝对感觉阈限。其操作定义为恰有一半的概率能被感觉到的刺激量大小。

2.韦伯定律【华南师范大学 2014】

【答案】韦伯发现,差别阈限跟随原来刺激强度的变化而变化,但差别阈限与原来刺激强度的比例是一个常数。公式:$K = \Delta I/I$,(K 是一个常数,ΔI 是差别阈限,I 是刺激强度)。韦伯定律只适用于中等强度的刺激。

3.马赫带【河北师范大学 2012】

【答案】马赫带是指人们在明暗交界的地方,常常在亮区看到一条更亮的光带,而在暗区看到一条更暗的线条。马赫带可以用视觉系统中的侧抑制作用加以解释。马赫带不是由于刺激能量的实际分布,而是由于神经网络对视觉信息进行加工的结果。

三、简答题

1.简述感觉剥夺实验,以及感觉对人的正常心理活动的重要意义。【华东师范大学 2014】

扫一扫,看视频

【考点】心理学导论;感觉。

【解析】感觉剥夺是指个体和外界环境刺激高度隔绝的特殊状态。在这种状态下,各种感觉器官接收不到外界的任何刺激信号,经过一段时间之后,就会产生这样或那样的病理心理现象。

1954 年,心理学家首先进行了"感觉剥夺"实验:实验中给被试者戴上半透明的护目镜,使其难以产生视觉;用空气调节器发出的单调声音限制其听觉;手臂戴上纸筒套袖和手套,腿脚用夹板固定,限制其触觉。被试单独待在实验室里,几小时后开始感到恐慌,进而产生幻觉……在实验室连续待了三四天后,被试者会产生许多病理心理现象:出现错觉幻觉;注意力涣散,思维迟钝;紧张、焦虑、恐惧等,实验后需数日方能恢复正常。

感觉对人的正常心理活动的重要意义:

(1)感觉提供了内外环境信息。通过感觉,人能认识外界物体的颜色、气味等,从而了解事物的各种属性。

(2)保证了机体与环境的信息平衡。人要正常的生活,必须和环境保持平衡,其中包括信息的平衡。

(3)感觉是认识过程的开端,是一切较高级复杂心理现象的基础,是人的全部心理现象的基础,人的知觉、记忆、思维等复杂的认识活动,必须借助于感觉提供的原始材料。

第四章　知　觉

一、单项选择题

1. 知觉属于一种(　　)【西南大学 2014】

A. 心理状态　　　　　B. 心理特征　　　　　C. 心理过程　　　　　D. 心理倾向

【答案】C

【考点】心理学导论;知觉。

【解析】心理现象分为两类:心理过程和个性心理。心理过程是指心理现象发生、发展和消失的过程,具有时间上的延续性,包括感觉、知觉、记忆、思维、想象等。个性心理主要包括个性倾向性和个性心理特征。个性倾向性是指一个人所具有的意识倾向,也就是人对客观事物的稳定的态度。个性心理特征是一个人身上经常表现出来的本质的、稳定的心理特点。心理状态是指人在某一时刻的心理活动水平。

2. 看书时用红色笔画重点是利用知觉的(　　)【华南师范大学 2016】

A. 选择性　　　　　B. 恒常性　　　　　C. 理解性　　　　　D. 整体性

【答案】A

【考点】心理学导论;知觉。

【解析】知觉的选择性是指将对象从背景中分离出来的过程。影响选择性的因素有对象与背景的关系、注意等。用红色的笔划重点有利于将对象从背景中分离出来,因而是利用了知觉的选择性。

3. 知觉的基本特性有(　　)【西南大学 2014】

A. 整体性、对象性、恒常性、理解性　　　　B. 直观性、间接性、恒常性、概括性

C. 直观性、整体性、可操作性、间接性　　　　D. 逼真性、可操作性、选择性、理解性

【答案】A

【考点】心理学导论;知觉;知觉的特征。

【解析】知觉的特征有四点。整体性是指人的知觉系统具有把个别部分整合为整体的能力。选择性是指人们在认识客观世界时,总是有选择地把少数事物作为知觉的对象,把其他事物作为知觉的背景,以便更清晰地感知一定事物与对象。从这个意义上,知觉过程就是从背景中分出对象的过程。恒常性是指当客观条件改变时,知觉保持相对不变的特性。理解性是指在知觉过程中,以过去经验为依据,力求对知觉的对象做出某种解释,使它具有一定的意义。

4. 教学中,重点部分要加大声音,放慢速度,以使之从其他内容中突出出来,这是利用了知觉的(　　)【江西师范大学 2011】

A.选择性　　　　　B.理解性　　　　　C.整体性　　　　　D.恒常性

【答案】A

【考点】心理学导论;知觉;知觉的特征。

【解析】知觉的选择性是指将对象从背景中分离出来的过程。知觉的理解性是指个体根据已有知识经验对客观事物进行解释,使它具有一定的意义。知觉的整体性是指在直接作用于感觉器官的刺激不完备的情况下,人根据自己的知识经验,对刺激物进行加工处理,使知觉保持完备。知觉的恒常性是指当客观条件在一定范围内改变时,我们的知觉映象在相当程度上却保持着它的稳定性。

5. 人们往往觉得近处的物体比远处的物体越过视野的速度要快,这属于哪种知觉现象?(　　)【江西师范大学 2014】

A.深度知觉　　　　B.时间知觉　　　　C.空间知觉　　　　D.似动知觉

【答案】A

【考点】心理学导论;知觉。

【解析】时间知觉是指大脑对物体顺序性和连续性的反应,表现在对时间的分辨、确认、估量、预测。空间知觉是对物体空间关系的认识,包括形状知觉、大小知觉、深度知觉和方位知觉等。其中深度知觉是脑对物体深度或距离的反应。人们知觉深度都是依赖于线索的,其中当观察者与周围环境的物体相对运动时,近处的物体看上去移动得快,方向相反;远处的物体看上去移动得慢,方向相同,这样的线索叫做运动视差。运动知觉是脑对物体运动特性的反应,包括真动知觉和似动知觉。似动知觉是指人们在静止的物体间看到了运动。

6. 深度知觉产生的主要线索是(　　)【江西师范大学 2011】

A.线条或空气的透视作用　　　　　　B.眼睛的调节作用

C.双眼视轴的辐合作用　　　　　　　D.双眼视差

【答案】D

【考点】心理学导论;知觉;深度知觉。

【解析】线条透视是指当我们观察对象时,对象的轮廓线条越远越集中,最后消失在地平线上的现象。空气透视是指人在看自然景物时近处的景物看起来颜色较深,也较为清晰;远处的景物看上去则色调较淡,也较为模糊。眼睛的调节作用是指水晶体的形状由于距离的改变而变化,只能在较小的距离范围内起作用。双眼视轴的辐合是指眼睛随距离的改变而将视轴会聚到被注视的物体上。人们知觉物体的距离与深度,主要依赖于两眼提供的线索,即左右眼视网膜上的物象存在一定程度的水平差异,叫作双眼视差。

7. 一条直线的中部被遮盖住了,看起来其两端就不再像直线了,这属于(　　)【江西师范大学 2011】

A.大小错觉　　　　　　　　　　　　B.线条弯曲错觉

C.方向错觉　　　　　　　　　　　　D.线段长短错觉

第一部分

【答案】C

【考点】心理学导论;知觉;错觉。

【解析】人们对几何图形大小或线段长短的知觉,由于某种原因而出现错误,叫作大小错觉,包括缪勒莱尔错觉等。人们对几何图形的形状或线条方向的知觉,由于某种原因而出现错误,叫作方向错觉。被两条平行线切断的同一条直线,看上去不在一条直线上叫作波根多夫错觉,属于方向错觉。

二、名词解释

1. 知觉【华南师范大学 2015;首都师范大学 2014】

【答案】知觉是客观事物直接作用于感觉器官而引起的人脑对客观事物的**整体认识**,有觉察、分辨和确认这三个过程。它包括时间知觉、空间知觉和运动知觉。其四大特性分别是知觉的选择性、整体性、理解性及恒常性。知觉的信息加工方式有自下而上和自上而下加工两种。

2. 形状知觉【湖南师范大学 2015】

【答案】形状知觉指的是脑对物体形状特征的反映,它是视觉、触觉、动觉协同活动的结果。

3. 双眼视差【华东师范大学 2014】

【答案】两眼注视外界物体时,两个视网膜上视像之间的差异。人们知觉物体的距离与深度,主要依赖于两眼提供的线索,由于正常的瞳孔距离和注视角度不同,造成左右眼视网膜上的物象存在一定程度的水平差异。

4. 知觉恒常性【首都师范大学 2011;四川大学 2014】

【答案】知觉的恒常性是指当客观条件在一定范围内改变时,我们的知觉映象在相当程度上却保持着它的稳定性。

5. 错觉【湖南师范大学 2016】

【答案】错觉指的是人在某种特定条件下,对客观事物必然产生的、具有某种固定倾向、不符合事物本身特征和受到歪曲的知觉。

三、简答题

1. 简述深度知觉的单眼(物理)线索。【湖南师范大学 2014】

【考点】心理学导论;知觉;深度知觉。

【解析】人们对物体的深度和距离的知觉是深度知觉。它不仅能感知物体的高和宽,还能知觉物体的距离、深度、凹凸等。单眼线索是指一只眼睛就能感受的深度线索。

单眼线索包括:

(1)对象重叠(遮挡):一个物体部分地掩盖了另一个物体,被掩盖的物体被知觉得远些。

(2)线条透视:两条向远方伸延的平行线看起来趋于接近。

(3)空气透视:物体反射的光线在传送过程中发生变化,导致远处物体显得模糊,细节不如近处物体清晰。

（4）相对高度：其他条件相等时,视野中两个物体相对位置较高的那个显得远些。

（5）纹理梯度（结构级差）：是指视野中的物体在网膜上的投影大小和投影密度发生有层次的变化,远处的物体在视网膜上的投影较小,密度较大,近处相反。

（6）运动视差：当观察者与周围环境中的物体相对运动时,远近不同的物体在运动速度和运动方向上出现差异。近处物体看上去移动得快,方向相反;远处物体运动得慢,方向相同。

（7）运动透视：当观察者向前移动时,视野中的景物也会连续活动,近处物体流动的速度大,远处物体流动的速度小。

2. 简述影响时间知觉的因素。【苏州大学 2015】

【考点】 心理学导论;知觉;时间知觉。

【解析】 时间知觉是指我们知觉到的客观事物或事件的连续性和顺序性,包括时序、时距和时间点知觉三种。能够影响时间知觉的因素包括：

扫一扫,看视频

（1）感觉通道的性质。在判断时间的精准性方面不同,听觉最好,触觉其次,视觉最差。

（2）一定时间内发生事件的数量和性质。在一定时间内,事件发生的数量越多,性质越复杂,人们倾向于把时间估计得越少;而事件的数量越短,性质越简单,人们倾向于把时间估计得较长。

（3）人的兴趣与情绪。人们对自己感兴趣的东西,会觉得时间过得快,出现对时间的估计不足。相反,对厌恶的、无所谓的事情,会觉得时间过得慢,出现时间的高估。

3. 简介知觉的自上而下加工和自下而上加工,并举例说明。【河北师范大学 2015】

【考点】 心理学导论;知觉。

【解析】 如果知觉依赖直接作用于感官的刺激物的特性,这样的加工就叫自下而上的加工,又叫数据驱动加工。例如运动知觉依赖于物体的位移,我们在判断一辆在公路上疾驰而过的汽车的速度时,使用的就是自下而上的加工。

如果知觉主要依赖于感知的主体,即具体的、活生生的人,而不仅是眼、耳、鼻、舌、身;如果知觉者的需要、兴趣和爱好,或者对活动的预先准备状态和期待,以及一般性的知识经验,都在一定程度上影响到了知觉的过程和结果,这样的加工就叫自上而下的加工或概念驱动加工。例如我们去车站接一位多年未见的老友,主要依靠多年前的记忆,这就是自上而下的加工。

4. 简述似动的四种形式。【吉林大学 2013】

【考点】 心理学导论;知觉。

【解析】 似动是指在一定的时间和空间条件下,人们在静止的物体间看到了运动,或者在没有连续位移的地方看到了运动,包括动景运动、诱发运动、自主运动和运动后效。

（1）当两个刺激物（光点、直线、图形）按一定空间间隔和时间距离相继呈现时,我们会看到从一个刺激物向另一个刺激物的连续运动,即动景运动。霓虹灯、电视、电影都是依照该原理制成的。

（2）由于一个物体的运动使其相邻的一个静止的物体产生运动的迹象,叫诱发运动。夜晚天空中月亮穿过云层就是诱发运动,其实月是静止的,云是动的。

(3)长时间凝视一个细小、静止的光点时,我们会感觉到这个光点似乎在动,即自主运动。在没有月亮的夜晚,仰望星空的时候有时会发现一个细小而发亮的星星在天空中游动,就是自主运动。

(4)在注视向一个方向运动的物体后,如果将注视点转向静止的物体,那么会看到静止的物体似乎朝向相反方向运动,即运动后效。例如在注视飞速开过的火车后,会觉得附近的树木向相反方向运动。

四、论述题

1. 试述感觉与知觉的区别与联系,并请结合实际分析。【苏州大学 2015】

【考点】心理学导论;感觉;知觉。

【解析】(1)感觉是人脑对直接作用于感觉器官的客观事物个别属性的反映。

(2)知觉是客观事物直接作用于感官而在头脑中产生的对事物整体的认识。整体性和意义性是知觉的两个重要特性。

(3)知觉以感觉作基础,但它不是个别感觉信息的简单总和。

(4)知觉是按一定方式来整合个别的感觉信息,形成一定的结构,并根据个体的经验来解释由感觉提供的信息。它比个别感觉的简单相加要复杂得多。知觉是在感觉基础上发生,并且和客体意义相联系的。

(5)感觉可以让我们知道一个苹果是球形的、是红的、是甜的;而知觉则让我们知道苹果是一种水果,是有营养的。

第五章	意识和注意

一、单项选择题

1. 注意可分为(　　)【西南大学 2014】

A. 无意注意、有意注意、不随意注意　　　　B. 无意注意、有意注意、有意后注意

C. 随意注意、有意注意、不随意注意　　　　D. 无意注意、有意注意、不随意注意

【答案】B

【考点】心理学导论;注意。

【解析】注意可以分为有意注意、无意注意、有意后注意。有意注意是指事前有预定目的,需要意志努力的注意,又叫随意注意。无意注意是指事前没有预定目的,不需要意志努力的注意,又叫不随意注意。有意后注意是指事前有预定目的,但不需意志努力的注意,又叫随意后注意。

2. 有预定目的,但不需要意志努力就能维持的注意是(　　)【华南师范大学 2016】

A. 无意注意　　　　B. 有意注意　　　　C. 有意后注意　　　　D. 有意前注意

【答案】C

【考点】心理学导论;意识和注意。

【解析】无意注意是指事先没有目的、也不需要意志努力的注意,又叫不随意注意;有意注意是指有预定目的、需要一定意志努力的注意,又叫随意注意;有意后注意结合了前两者的共同点,有自觉的目的和任务,但是不需要意志努力;没有"有意前注意"这个词。

3. 思想开小差是注意(　　)【西南大学 2014】

A. 转移　　　　B. 分散　　　　C. 动摇　　　　D. 起伏

【答案】B

【考点】心理学导论;注意;注意的品质。

【解析】注意转移是指根据需要将注意从一个对象上转到另外一个对象或者活动上。注意的稳定性是指注意在一定时间内保持在某个认识的客体或活动上。注意动摇是指注意在短暂时间内的起伏波动,又叫注意的起伏。注意动摇的时间平均为 8～12 秒。在任何一个比较复杂的认知活动中,注意的动摇总是要发生的。只要我们的注意不离开当前的活动总任务,这种动摇就没有消极的作用。注意分散是同注意稳定相反的状态,指注意离开了需要注意的对象,而被其他活动吸引过去的现象,即平常所说的分心,有消极的意义。

4. 在同一时间内,把注意指向不同对象,同时从事好几种不同的活动是(　　)【西南大学 2014】

A. 注意的转移　　　　B. 注意的分散　　　　C. 注意的分配　　　　D. 注意的动摇

【答案】C

【考点】心理学导论;注意;注意的品质。

【解析】注意转移是指根据需要将注意从一个对象转到另外一个对象或者活动上。注意的稳定性是指注意在一定时间内保持在某个认识的客体或活动上。注意动摇是指注意在短暂时间内的起伏波动,又叫注意的起伏。注意动摇的时间平均为8到12秒。注意分配是指在同一时间内,把注意指向不同对象,同时从事好几种不同的活动。

5. 当周围环境很安静时,我们时而能听见闹钟嘀嗒的时候,时而又听不见,这属于注意的什么特征(　　)【江西师范大学 2014】

A. 注意的分配　　　　B. 注意的广度　　　　C. 注意的转移　　　　D. 注意的起伏

【答案】D

【考点】心理学导论;注意;注意的品质。

【解析】注意分配是在同一时间注意指向两种或两种以上的对象。注意的广度是人在同一时间内意识到对象的数量。注意转移是根据一定的目的,主动地把注意从一个对象转移到另一个对象上。长时间地注意同一物体,注意会不随意地离开该物体,称为注意动摇或起伏,周期为8~12秒。

6. 按照任务的要求,注意从一个对象到另一个对象上去的现象叫(　　)【西南大学 2014】

A. 注意分散　　　　B. 注意的动摇　　　　C. 注意的转移　　　　C. 注意的分配

【答案】C

【考点】心理学导论;注意;注意的品质。

【解析】注意的稳定性是指注意在一定时间内保持在某个认识的客体或活动上。注意分散是同注意稳定相反的状态,指注意离开了需要注意的对象,而被其他活动吸引过去的现象,即平常所说的分心,有消极的意义。注意动摇是指注意在短暂时间内的起伏波动,又叫注意的起伏。注意动摇的时间平均为8~12秒。注意转移是指根据需要将注意从一个对象上转到另外一个对象或者活动上。注意分配是指在同一时间内,把注意指向不同对象,同时从事好几种不同活动的现象。

7. 有经验的教师在讲课的同时,还能较好地照顾全班同学的活动,谁开小差了,谁在向邻座的同学递纸条等等,老师都一清二楚。从注意特征的角度分析,表明这些教师具有良好的(　　)能力。【江西师范大学 2011】

A. 注意分配　　　　B. 注意转移　　　　C. 注意范围　　　　D. 注意分散

【答案】A

【考点】心理学导论;注意;注意的品质。

【解析】注意分配是同一时间内把注意力分配到两种或者几种不同的对象或者活动上。注意转移是指根据需要将注意从一个对象上转到另外一个对象或者活动上。注意范围即注意广度,是指人在同一时间内所能清楚地把握注意对象的数量。注意分散是同注意稳定相反的状态,指注意离开了需要注意的对象,而被其他活动吸引过去的现象。

8. 能解释鸡尾酒会效应现象的注意的理论是(   )【华南师范大学 2016】

A.过滤器理论　　　　B.衰减理论　　　　C.反应选择理论　　　　D.多阶段选择理论

【答案】B

【考点】心理学导论;意识和注意。

【解析】在鸡尾酒会上,当你专注于和某人谈话时,你对周围的人们交谈是不能识别的,但你对偶然传来的你的名字是能察觉和识别的,这种现象称为鸡尾酒会效应。过滤器理论的主要观点是,神经系统在加工信息的容量方面是有限的,不可能对所有的感觉刺激进行加工。当信息通过各种感觉通道进入神经系统时,要先经过一个过滤器机制。只有一部分信息可以通过这个机制,并接受进一步的加工;而其他的信息就被阻断在它的外面,完全丧失了。衰减理论主张,当信息通过过滤装置时,不被注意的信息只是在强度上减弱了,而不是完全消失。不同刺激的激活阈限是不同的,有些刺激对人有重要意义,如自己的名字等,他们的激活阈限低,容易激活。反应选择理论认为,所有输入的信息在进入过滤或衰减装置之前已受到充分的分析,然后才进入过滤或衰减的装置,因而对信息的选择发生在加工后期的反应阶段。多阶段选择理论认为,选择在不同的加工阶段都有可能发生,在选择之前的加工阶段越多,所需要的认知加工资源就越多,且依赖当前任务要求。因此选择 B。

9. 在睡眠状态下,脑电波主要是频率较低、波幅较高的(   )波。【江西师范大学 2011】

A.α波　　　　B.β波　　　　C.γ波　　　　D.Δ波

【答案】D

【考点】心理学导论;意识;睡眠。

【解析】清醒的时候脑电波是 β 波,频率高,波幅小;安静、休息的时候出现 α 波;睡眠时候出现 Δ 波,频率低,波幅大。

二、简答题

1. 分析随意后注意的特征。【首都师范大学 2014】

【考点】心理学导论;意识和注意。

【解析】随意后注意是注意的一种特殊形式,指事前有预定目的、不需要意志努力的注意,又叫有意后注意。从特征上讲,它同时具有不随意注意和随意注意的某些特征。例如,它和自觉的目的、任务联系在一起,类似于随意注意;但它不需要意志的努力,又类似于不随意注意。从发生上讲,随意后注意是在随意注意的基础上发展起来的。

随意后注意既服从于当前活动的目的与任务,又能节省意志努力,因而对完成长期的、持续的任务特别有利。例如,初学文言文时,你可能对"之乎者也"不感兴趣,只是为了完成学习任务,这时候的注意是随意注意。以后,当你对文言文的基础掌握之后,对文言文本身产生了兴趣,凭兴趣可以自然而然地将注意力集中到学习上,这时候的学习就是随意后注意了,如对古典文学名著的欣赏。

培养随意后注意的关键在于发展对活动本身的直接兴趣。当我们完成各种较复杂的智力活动或动作技能的时候,我们要设法增进对这种活动的了解,让自己逐渐喜爱它,并且自然而然地沉浸在这种活动中。这样,才能在随意后注意的状态下,使活动取得更大的成效。

2.简述注意的四种品质。【华东师范大学 2015】

【考点】心理学导论;意识和注意。

【解析】注意是指心理活动或意识对一定对象的指向与集中。注意的品质包括:

(1)注意广度:同一时间内,意识所能清楚把握对象的数量。

影响因素:知觉对象的特点;注意者的活动任务和知识经验。

(2)注意的稳定性:指对选择对象的注意能稳定保持多长时间的特性,一般用警戒作业来测量这个品质。与该品质相反的是注意的分散,又叫分心。与注意分散相互区别的概念是"注意的起伏",又叫"注意的动摇",指注意在短暂时间内的起伏波动,在任何一个复杂认知活动中都会发生,属于正常现象。

影响因素:注意本身的特点;活动的目的和任务;人的主观状态。

(3)注意转移:注意从一种对象转移到另一种对象上去的现象。注意转移的难易和快慢程度和原来活动注意的紧张程度,以及需要注意转移的新任务性质有关系。

影响因素:原来活动吸引注意的强度;新的事物的性质和意义;神经过程的灵活性。

(4)注意分配:同一时间内,把注意指向于两个以上的对象,同时从事几种不同活动的现象。

影响注意分配的因素:①同时进行的几种活动的熟练程度,其中至少一种是非常熟练甚至有自动化的程度。②同时进行的几种活动的性质和内在联系。如果两种活动是在同一感觉通道、用同一心理操作来完成的话,注意分配也很难实现。

三、论述题

1.简介注意的认知理论。【南京师范大学 2014、2017;苏州大学 2016】

【考点】心理学导论;意识和注意。

【解析】(1)注意选择的认知理论:

①过滤器理论

提出者:布罗德本特

主要观点:神经系统在加工信息的容量方面是有限度的,不可能对所有的感觉刺激进行加工。当信息通过各种感觉通道进入神经系统时,要先经过一个过滤机制。只有部分信息可以通过这个机制,接受进一步加工;而其他信息被阻挡在它外面,完全丧失,也叫瓶颈理论或单通道理论。

②衰减理论

提出者:特瑞斯曼

主要观点:当信息通过过滤装置时,不被注意或非追随耳的信息只是在强度上减弱了,而不是完全消失。不同刺激的激活阈限是不同的。有些刺激对人有重要意义,它们的激活阈限低,容易激活。当它们出现在非追随的通道时,容易被人们所接收。

③后期选择理论

提出者:多伊奇

主要观点:所有输入的信息进入过滤或衰减装置之前已受到充分的分析,然后才进入过滤或衰减装置,因而对信息的选择发生在加工后期的反应阶段。后期选择理论也叫完善加工理论、反应选择理论或记忆选择理论。

④多阶段选择理论

提出者:约翰斯顿

主要观点:选择过程在不同的加工阶段都有可能发生。在进行选择之前的加工阶段越多,所需要的认知加工资源就越多;选择发生的阶段依赖于当前的任务要求。

(2)认知资源的分配理论

①认知资源理论

提出者:卡尼曼

主要观点:把注意看成一组对刺激进行归类和识别的认知资源或认知能力。对刺激的识别需要占用认知资源,当刺激越复杂或加工任务越复杂时,占用的认知资源就越多。认知资源是有限的,当认知资源完全被占用时,新的刺激将得不到加工(未被注意)。只要完成任务所需要的能量总和不超过个体的认知负荷,人就能同时进行两种或以上的活动;否则就会相互干扰,甚至只能进行一种活动。该理论还假设,在认知系统内有一个机制负责资源的分配,这一机制可以受我们的控制,把认知资源分配到重要的刺激上。

②双加工理论

提出者:谢夫林等人

主要观点:在注意的认知资源理论的基础上,谢夫林等人进一步提出了双加工理论。该理论认为,人类的认知加工有两类:自动化加工和受意识控制的加工。自动化加工不受认知资源的限制,不需要注意的参与,是自动化进行的。这些加工过程由适当的刺激引发,发生比较快,也不影响其他的加工过程。在习得或形成之后,其加工过程比较难改变。而意识控制的加工受资源的限制,需要注意的参与,可以随环境的变化而不断进行调整。意识控制的加工在经过大量的练习后,有可能转变为自动化加工。

2.睡眠有哪些阶段?用认知、精神分析、生理理论解释梦。【上海交大 2016】

【考点】心理学导论;意识与注意。

【解析】睡眠分四个阶段。第一阶段持续约 10 分钟,脑电成分主要为混合的、频率和波幅都较低的脑电波,个体处于浅睡状态,身体放松,呼吸变慢,但很容易惊醒。第二阶段持续约20分钟,偶尔出现短暂爆发的、频率高、波幅大的睡眠锭。第三阶段持续约40分钟,频率继续降低,波幅变大,出现δ波,有时也有睡眠锭。第四阶段的大多数脑电为δ波,是深度睡眠阶段。前四个阶段的睡眠大约经过60~90分钟,之后进入快速眼动睡眠(REM sleep)阶段,脑电与个体清醒时无异,人在这个阶段会做梦。第一次快速眼动睡眠一般持续5~10分钟,再经过大约90分钟,会有第二次眼动睡眠,持续时间通常长于第一次。在这种周期性的循环中,当黎明临近时,第三阶段和第四阶段的睡眠会逐渐消失。

长期以来,对于梦的解释一直存在分歧,有不同的理论对其进行解释。

①认知观点。有人认为梦担负着一定的认知功能。在睡眠中,认知系统依然对存储的知识进行检索、排序、整合、巩固等,这些活动的一部分会进入意识,成为梦境。相关研究表明,对快速眼动睡眠的剥夺会导致对事件记忆力的下降,特别是有情感色彩的事件。

②精神分析观点。该观点认为梦是潜意识过程的显现,是通向潜意识的最可靠的途径,或者说梦是被压抑的潜意识冲动或愿望,以改头换面的形式出现在意识中,这些冲动和愿望主要是人的性本能和攻击本能的反映。

③生理学观点。霍布森认为梦的本质是我们对脑的随机神经活动的主观体验。一定数量的刺激对维持脑和神经系统的正常功能是必要的。在睡眠时,由于刺激减少,神经系统会产生一些随机活动。梦则是认知系统试图对这些随机活动进行解释并赋予一定的意义。梦的产生与个体的记忆和经历有关,可以从梦的内容中了解个人情绪、情感和关注的事件等信息。

第六章	学习与记忆

一、单项选择题

1. 取消讨厌的频繁考试以使学生更乐于学校的学习,这是利用(　　)【江西师范大学2011】

A. 负强化　　　　　B. 正强化　　　　　C. 惩罚　　　　　D. 刺激

【答案】A

【考点】心理学导论;学习与记忆;强化。

【解析】强化是增加行为发生的概率,通过消除厌恶刺激而使行为发生的概率增加的是负强化。通过呈现愉快刺激而使行为发生的概率增加的是正强化。惩罚是降低行为发生的概率。

2. "一朝被蛇咬,十年怕井绳"这种现象是指(　　)【江西师范大学2011】

A. 消退　　　　　B. 刺激分化　　　　　C. 刺激比较　　　　　D. 刺激泛化

【答案】D

【考点】心理学导论;学习与记忆;学习理论;经典性条件反射。

【解析】"蛇"和"绳"是在形态上比较相似的事物,在涉及经典条件反射学习规律的题目中,当题干中暗示事物相似时,选项一定是在"分化"和"泛化"中选,但具体是选"泛化"还是"分化",要看后面的结果,如果能够区分,则选择"分化",如若不能区分,则选"泛化"。泛化是指对特定的反应扩散到相似刺激上的过程。而分化是指通过选择性反应,使有机体学会对条件刺激和与条件刺激相类似的刺激做出不同的反应,即对相似但不同的刺激做出不同的反应。

3. 人的心理活动能够在时间上持续下去,这主要是(　　)【西南大学2014】

A. 记忆的作用　　B. 思维的作用　　C. 想象的作用　　D. 联想的作用

【答案】A

【考点】心理学导论;记忆。

【解析】记忆是人脑对经历过事物的编码、存储和提取,它是进行思维、想象等高级心理活动的基础。

4. 记忆信息保持的时间在1分钟以内,而且信息容量相当有限的记忆形式是(　　)【江西师范大学2011】

A. 感觉记忆　　　　B. 瞬时记忆　　　　C. 短时记忆　　　　D. 长时记忆

【答案】C

【考点】心理学导论;学习与记忆。

【解析】短时记忆是指脑中的信息在1分钟之内加工编码的记忆。它具有五个特点:①短时记忆中的信息的保持是在无复述的情况下,一般只有 5~20 秒,最长也不超过 1 分钟。②短时记忆的容量有限,一般为 7±2 个单元。③短时记忆编码方式是听觉编码和视觉编码,开始时以视觉形式编码占优势,其后是听觉形式的编码占优势。④通过复述转入长时记忆。⑤信息提取的方式是完全系列扫描。

5. 下列不属于工作记忆的特征的是(　　)【华南师范大学 2016】

A. 信息容量有限

B. 信息保存时间很短,不复述最长不超过 1 分钟

C. 遗忘进程先快后慢

D. 通过复述可以保持信息,并把信息转入长时记忆

【答案】C

【考点】心理学导论;学习与记忆。

【解析】工作记忆是短时记忆的一种扩展概念,是信息加工过程中,对信息进行暂时存储和加工的、容量有限的记忆系统;保存的时间很短,为 1 分钟左右;通过复述可以转入长时记忆,不复述就会遗忘。长时记忆的遗忘进程先快后慢。

6. 学生在课堂上学习的各种课本知识和日常生活常识大都属于(　　)【江西师范大学 2011】

A. 陈述性记忆　　　　B. 感觉记忆　　　　C. 程序性记忆　　　　D. 形象记忆

【答案】A

【考点】心理学导论;学习与记忆。

【解析】陈述性记忆:指对有关事实和事件的记忆,可以通过语言传授而一次性获得。程序性记忆:指如何做事情的记忆,包括对知觉技能、认知技能和运动技能的记忆。

7. 潜移默化的影响,指的是一些良好的素质可以通过(　　)获得。【江西师范大学 2014】

A. 有意记忆　　　　B. 无意记忆　　　　C. 情绪记忆　　　　D. 意义记忆

【答案】B

【考点】心理学导论;记忆。

【解析】依据记忆的目的性可将记忆分为有意记忆和无意记忆。无意记忆是指没有自觉的记忆目的和任务,也不需要意志努力的记忆;有意记忆是指按一定的目的和任务,需要采取积极的思维活动的记忆。意义记忆指理解材料,根据其内在联系运用有关经验进行的识记,与机械记忆相对。

8. 系列位置效应的一般表现是(　　)材料记得好。【西南大学 2014】

A. 前边　　　　B. 中间　　　　C. 后边　　　　D. 两头

【答案】D

【考点】心理学导论;记忆。

【解析】系列位置效应指最后呈现的项目最容易被回忆起来,其次是最先呈现的项目,中间的项目是最容易遗忘的现象。产生这种效应的原因是存在两种抑制:前摄抑制和倒摄抑制。前

摄抑制是指先学习的材料对识记和回忆后学习的材料的干扰作用,最初学习的东西不存在前摄抑制;倒摄抑制是指后学习的材料对识记和回忆先前学习的材料的干扰作用,后学习的材料没有倒摄抑制。

9. 假设你每天在公交车站等车,有一天你突然发现车站的广告牌更换了新的内容。这属于什么记忆现象( )【江西师范大学 2014】

A.机械记忆　　　　B.形象记忆　　　　C.内隐记忆　　　　D.外显记忆

【答案】D

【考点】心理学导论;记忆。

【解析】内隐记忆是指个体在无法意识的情况下,过去经验对当前作业产生的无意识的影响。而外显记忆是指在意识的控制下,过去经验对当前作业产生的有意识的影响,是有意识的记忆过程,能随意地提取记忆的信息,能对记忆的信息进行较准确的语言描述。形象记忆是指以感知过的事物形象为内容的记忆。机械记忆指对识记材料没有理解的情况下,依靠事物的外部联系、先后顺序机械重复地进行识记,即死记硬背。

10. 后学习的材料,对保持和回忆先学习的材料的干扰作用叫( )【西南大学 2014】

A.系列位置效应　　B.前摄抑制　　　　C.后摄抑制　　　　D.记忆顺序效应

【答案】C

【考点】心理学导论;记忆。

【解析】前摄抑制是指先学习的材料对识记和回忆后学习的材料的干扰作用,最初学习的东西不存在前摄抑制;倒摄抑制(后摄抑制)是指后学习的材料对识记和回忆先前学习的材料的干扰作用,后学习的材料不存在倒摄抑制。

11. 艾宾浩斯在研究记忆与遗忘规律时采用的记忆材料是( )【西南大学 2014;江西师范大学 2014】

A.人工概念　　　　B.自然的句子　　　C.自然的单词　　　D.无意义音节

【答案】D

【考点】心理学导论;记忆。

【解析】艾宾浩斯研究记忆和遗忘的规律主要采用的方法是节省法。材料是无意义音节,由两个辅音字母中间加一个元音字母组成,以此为学习材料能将文化、经验等背景干扰降到最低甚至没有,同时也便于控制和操作。

12. 下面哪一类记忆的信息编码方式包括语义类别编码?( )【江西师范大学 2014】

A.短时记忆　　　　B.长时记忆　　　　C.工作记忆　　　　D.瞬时记忆

【答案】B

【考点】心理学导论;记忆。

【解析】短时记忆以听觉编码为主,也存在视觉编码;长时记忆的主要编码形式有语义类别编码(将信息按照语义的关系组成一定的系统,并进行分类)、以语言特点为中介的编码(通过发音、字形、语义、音韵等信息进行编码)、主观组织(主观上将无关联的材料连成整体的编码形式);瞬时记忆的主要编码方式是视觉编码和听觉编码。工作记忆的主要编码形式和短时记忆相同,包括听觉编码和视觉编码。

二、判断题

1. 孩子做错事情时,拿走他喜欢的玩具,是负强化。(　　)【四川大学 2013】

【答案】 ×

【考点】 心理学导论;学习与记忆;强化。

【解析】 负强化的意思是,拿走个体厌恶的刺激,使行为发生的概率增大。拿走孩子喜欢的玩具,属于二类惩罚。

三、名词解释

1. 技能迁移【首都师范大学 2014】

【答案】 技能迁移是指一种技能的学习对另一种技能的学习和应用产生影响的过程或现象。或者说,把一种技能带到完成另一种技能学习或应用任务中去的过程。按照迁移的方向性,可以分为顺向迁移(先前学习对后继学习的影响)和逆向迁移(后继学习影响先前经验)。按照迁移的效果,可以分为正迁移、负迁移和零迁移。

2. 记忆【首都师范大学 2014】

【答案】 记忆是在人的头脑中积累和保存个体经验的心理过程(识记、保持、回忆和再认)。从信息加工的观点来看,记忆就是人脑对外界输入的信息进行编码、存储和提取的过程。

3. 感觉编码【首都师范大学 2016;苏州大学 2016】

【答案】 感觉编码是指人们获得个体经验的过程,或者说是对外界的感觉信息进行形式转换的过程。是指感觉器官把刺激的特征转换为可被大脑理解的神经信息的过程。

4. 启动效应【华南师范大学 2015】

【答案】 启动效应是指由于近期与某一刺激的接触而使对这一刺激的相关刺激的加工得到易化的效应。通常分为重复启动和间接启动两种。重复启动是指前后呈现的刺激是完全相同的,即后呈现的测验刺激完全相同于前面呈现的启动刺激;间接启动中除包含重复启动之外,还允许两个刺激有所差别。在启动研究中,最常用的测验方法有词汇确定、词的确认以及词干或词段补笔。启动效应的研究为探索内隐记忆提供了重要的研究手段和证据。

5. 首因效应【南开大学 2011;山东师范大学 2012;吉林大学 2013】

【答案】 首因效应是指,最先呈现的材料较易回忆,遗忘较少。

6. 观察学习【华南师范大学 2016】

【答案】 由班杜拉提出,是指通过观察他人的行为及行为后果而间接进行的学习,包括注意、保持、复制、动机四个子过程。注意过程中个体决定学习谁、学习什么行为;保

扫一扫,看视频

持过程中观察者记住从榜样情景了解的行为;复制过程中观察者将头脑中有关榜样情景的表象和符号概念转化为外显行为;动机过程中个体决定要不要表现习得行为。

四、简答题

1. 经典条件反射理论和操作性条件反射理论的区别。【华南师范大学 2014】

【考点】 经典条件反射理论;操作条件反射理论。

【解析】 巴甫洛夫的经典条件反射理论是在非条件反射的基础上建立的,是暂时性的神经联系,建立联系的基本条件是强化过程。斯金纳的操作性条件反射又称工具性条件反射,是通过动物自己的某种活动、某种操作得到强化而形成的某种条件反射。它们的共同点在于都十分强调强化的作用,不同的强化方式效果不同,因此它们在本质上是相同的,都依赖于强化。

相同点在于:

(1)两者实质都是刺激与反应联结的形式。

(2)两者形成的关键都需要通过强化。不同的强化方式效果不同,因此它们在本质上是相同的,都依赖于强化。

(3)有关条件反射的一些基本规律(消退、恢复等)对两者都起作用。

不同点见以下表格说明:

	操作性条件反射	经典性条件作用
主体行为	R－S－R	S－R－S′
刺激物	操作性条件反射的无条件刺激物不明确,更强调行为的结果对行为发生率的影响	强调无条件刺激物,并且无条件刺激物是非常明确的
主动性	在形成操作条件反射过程中,动物是自由活动的,通过自身的主动操作来达到目的	经典条件反射中动物往往是被动接受刺激
关系	在操作性条件反射中,非条件反应不是由强化刺激引起的,相反非条件反应引发了强化刺激	在经典条件反射中,强化刺激引起非条件反应
学习是如何发生的	操作性条件是通过强化范式而形成行为的过程	经典性条件作用是通过 S－R 的不断的配对联结形成行为的过程

2. 简述斯金纳根据强化进程的安排,对强化的分类及其含义。【首都师范大学 2014】

【考点】 教育心理学;行为主义的学习理论。

【解析】 斯金纳根据强化出现的时机和频率将强化分为连续强化和间隔强化。连续强化是指每次反应之后都得到强化。间隔强化是间隔一定时间或比例才给予强化。

间隔强化又分为固定比率(定比)强化和变化比率(变比)强化、固定时间(定时)强化和变化时间(变时)强化。固定比率强化是指间隔一定的次数给予强化,如计件工资。变化比率强化是指每两次强化之间间隔的反应次数是变化不定的,如买彩票中奖。固定时间强化是指间隔一定的时间给予强化,如计时工资。变化时间强化是指强化之间间隔的时间是变化的,如随堂测验。

斯金纳经过大量实验研究表明,使用连续式强化虽然习得速度快,但消退速度也快。最佳的组合应该是,最初使用连续强化,然后是固定比率强化,最后是变化比率强化。这样形成的行为相当稳定,也难以消退。

3. 简述观察学习的过程。【华南师范大学 2013;南京师范大学 2015;鲁东大学 2015】

【考点】心理学导论;学习与记忆;学习理论。

【解析】班杜拉的经典实验:首先让儿童观察以成人为被试对一个充气娃娃拳打脚踢,然后把儿童带到一个放有充气娃娃的实验室,让其自由活动,并观察他们的行为表现。结果发现,儿童在实验室里对充气娃娃也会拳打脚踢。

观察学习也就是通过观察并模仿他人而进行的学习,包括四个子过程:注意过程、保持过程、复制过程和动机过程。

(1)注意过程:观察者注意并知觉榜样情景的各个方面。受以下几个因素影响:①观察者比较容易观察与自身相似或被认为优秀的榜样;②有依赖性、自身概念水平低或焦虑的观察者更容易模仿行为;③强化的可能性或外在的期望影响个体决定模仿谁的什么行为。

(2)保持过程:观察者记住从榜样情景了解的行为,以表象和言语形式将它们在记忆中进行表征、编码和储存。

(3)复制过程:观察者将头脑中有关榜样情景的表象和符号概念转为外显行为,选择和组织榜样情景中的要素,进行模仿和练习并在信息反馈的基础上精炼行为。

(4)动机过程:观察者因表现所观察到的行为而受到激励,动机存在三种来源:

①直接强化,即通过外部因素对学习者的行为予以直接干预。

②替代强化,即通过一定的榜样来强化相应的学习行为或学习行为的倾向。

③自我强化,即行为达到自己设定的标准时,以自己能支配的报酬来增强和维持自己的行为的过程。

4. 根据观察学习理论,简述为什么身教重于言教?【上海师范大学 2016;江西师范大学 2011】

【考点】心理学导论;学习与记忆;班杜拉的学习理论。

【解析】观察学习是指通过观察他人(榜样)所表现的行为及其结果而进行间接学习。观察学习包括四个过程:注意过程、保持过程、复现过程和动机过程。注意过程是观察者对活动的探究和知觉。保持过程使得学习者把瞬间的经验转化为符号形成的内部表征。复现过程是以内部表征为指导,做出反应。动机过程决定所习得的行为是否也表现出来。

人的行为的获得,是由学习者在社会情境中,经观察别人行为表现的方式("身教")以及行为后果间接获得的。个体任何人格特质,都是在现实生活的社会环境中经过耳濡目染,向别人模仿学习而形成的。在通过社会学习而形成人格的过程中，个体模仿他所喜欢的榜样人物（"身教"），模仿后若自己的表现得到社会赞许则获得满足，社会赞许就起着强化的作用，在以后的类似情境中，即使榜样不在场，受到强化的行为仍会出现。所以说身教重于言教在原理上与观察学习理论是共通的。

5. 说明广告中利用的学习和记忆规律。【北京大学 2016】

【考点】 心理学导论；学习和记忆。

【解析】 广告是为了某种特定的需要，通过一定形式的媒体，公开而广泛地向公众传递信息的宣传手段。

扫一扫，看视频

（1）学习是个体在一定情境下由于经验而产生的行为或者行为潜能的比较持久的变化。强调三点：①行为或行为潜能的变化；②持久变化；③由练习或经验引起。关于学习的理论包括联结理论、观察学习、认知地图学习等。每一种理论都在广告中有所体现。

①刺激－反应联结：将推广的物品与某一种已有的行为进行联结。案例：脑白金广告，将送礼这种日常行为跟脑白金产生强联结，一看到脑白金就想到送礼。

②练习律：大部分的学习都需要反复地经验，因此广告为了达到效果也必须反复被看到，因此很多广告会一而再再而三的重复；案例：恒源祥的广告，不停地重复。

③观察学习：榜样行为常常能够引起人们的效仿，因此利用名人或者偶像推广某些产品常常效果非常好。例如大多数明星公益广告。

④泛化：泛化有助于相关事物产生类似的反应。例如企业赞助公益广告有助于提升消费者的好感度，而这种好感度很容易泛化到企业产品上，从而曲线式达到效果。

⑤分化：为了避免因为泛化使竞争品受益，广告通常都会突出不同点，使竞争品广告形象差异化。例如麦当劳和肯德基的差异化策略。

（2）记忆是人脑对外界输入的信息进行编码、存储和提取的过程。广告要发挥作用，首先就是需要让消费者牢记。广告中对记忆原理的应用也很多。

①机械复述：短时记忆要进入长时记忆需要复述，消费者不愿意复述那就让广告重复。案例：恒源祥还是最厉害的，关键信息不变，次要信息改变的策略很厉害。

②精细复述：最有效的复述是精细复述，广告为了让消费者将产品信息与已有经验建立联系便于复述，加大更多的相关信息介绍。案例：农夫山泉几分钟的长广告。

③首因效应和近因效应：广告中间的信息最不容易让人记住，结尾的信息最容易被记住，所以大部分广告都会在最后或者最开始显示产品或企业的名称。

④遗忘曲线：人遗忘的速度很惊人，为了不被忘记，广告只好在一天内无数次重复。

6. 简述人本主义学习理论的基本观点。【西南大学 2014】

【考点】 心理学导论；学习与记忆；人本主义的学习理论。

【解析】 人本主义学习理论强调学生自主学习，自主建构知识意义，强调协作学习。它强调以"人的发展为本"，即强调"学生的自我发展"，强调"发掘人的创造潜能"，强调"情感教育"。

人本主义学习理论主要可以分为五大观点：即潜能观、自我实现观、创造观、情感因素观与师生观。

（1）潜能观。

人本主义理论认为，在学习与工作上人人都有潜在能力。教育本身就是努力去发掘学生的潜在能力。

（2）自我实现观（也叫自我发展观）。

人本主义理论高度重视学生的个性差异和个人价值观；强调学生自我实现（发展），把学生的自我实现作为教学的目标。教师应该根据每个不同的学生的个性差异，进行因材施教，使得不同的学生都能得到自由发挥，促进他们自身的发展。

（3）创造观。

罗杰斯指出："人人都有创造力，至少有创造力的潜能，人应该主动地发展这些潜能。"

（4）情感因素观。

学习中的情感因素与发掘学生潜能，发展学生创造力都有密切关系。对这一点，人本主义给予特别重视，认为学习是学生个人主动发起的（不是被动地等待刺激）。

（5）师生观。

师生之间的关系是以情感为纽带，应该维持一种宽松、和谐、民主、平等的学习氛围，建立起一种良好的人际关系与和谐的学习氛围。

7. 简述短时记忆的特点。【北京师范大学 2016】

【考点】心理学导论；记忆；短时记忆。

【解析】短时记忆是人对刺激信息进行加工、编码、短暂保存和容量有限的记忆，是感觉记忆之后的阶段。其特征为：

①信息保持时间短，一般不超过 1 分钟。

②容量有限，一般是 7 ± 2 个组块。

③短时记忆中的信息是有意识的，可以操作的。

④复述是短时记忆中的信息进入长时记忆的途径。

8. 简述长时记忆的遗忘进程及其影响因素。【华南师范大学 2015；首都师范大学 2011、2012；西北大学 2014】

【考点】心理学导论；记忆；长时记忆和遗忘。

扫一扫，看视频

【解析】长时记忆是指储存时间在一分钟以上的记忆。对于无意义音节材料，艾宾浩斯用节省法证明，遗忘的进程是先快后慢的。遗忘在学习开始之后立刻开始，保持和遗忘都是时间的函数；遗忘的过程最初很快，以后逐渐缓慢。艾宾浩斯遗忘曲线是以间隔的时间为横坐标，以保存量为纵坐标，画出的曲线呈负加速型（这个曲线就叫保持曲线）；若以遗忘的数量为纵坐标，画出的曲线应为遗忘曲线，它是正加速型的。

遗忘的进程受到以下因素的影响：

（1）识记材料的性质和数量：遗忘速度从无意义材料、有意义材料到熟练的动作依次减慢；同等难度的材料，识记的越多遗忘越快。

（2）识记材料的系列位置：材料在系列里所处的位置对记忆效果的影响叫系列位置效应，它表现为系列末尾的材料记忆的效果最好（近因效应），其次是前边呈现的材料（首因效应），中间的材料记忆效果最差。

（3）识记者的态度：不占重要地位的、不引起人们兴趣的、不符合一个人需要的事情容易出现遗忘。

（4）学习的程度：低度学习、达到学会的标准、过度学习的顺序遗忘速度逐渐减慢。

（5）时间因素：根据艾宾浩斯的研究，遗忘的过程最初很快，以后逐渐缓慢。

9. 简述内隐记忆和外显记忆的异同。【华南师范大学 2016；南开大学 2016；河北师范大学 2015】

扫一扫，看视频

【考点】心理学导论；学习与记忆；内隐记忆。

【解析】（1）外显记忆是指在意识的控制下，过去经验对当前作业产生的有意识的影响；是有意识的记忆过程，能随意地提取记忆的信息，能对记忆的信息进行较准确的语言描述。

内隐记忆是指个体在无法意识的情况下，过去经验对当前作业产生的无意识的影响。一般没有意识过程的参与。它具有自动的和无意识的特点，其形成和提取不依赖于有意识的认知过程，一般不能用语言表达。

（2）内隐记忆和外显记忆的相同点：二者均是记忆的不同种类。

（3）内隐记忆和外显记忆的不同点：

①加工深度对内隐记忆无影响，对外显记忆有。

②内隐记忆相对外显记忆保持时间较持久。

③记忆负荷量对内隐记忆的学习效果几乎无影响，对外显记忆影响很大。

④呈现方式对内隐记忆的提取有很大影响，对外显记忆则几乎没有。

⑤干扰因素对内隐记忆的记忆过程无影响，对外显记忆有影响。

五、论述题

1. 班杜拉社会学习理论的主要观点是什么？请结合班杜拉的观点分析大众媒体对儿童青少年发展的影响以及如何应对。【江西师范大学 2014】

【考点】心理学导论；学习与记忆；学习理论。

【解析】（1）社会学习理论的主要观点。

三元交互作用理论中班杜拉认为人的行为变化，既不是由内在因素，也不是由外在因素单独所决定的，而是两者相互作用的结果。人通过其行为创造环境条件并产生经验，被创造的环境条件和作为个人内在因素的经验反过来影响以后的行为。

自我效能感是个体对自己能够有效处理特定任务的主观评价,与学习行为之间存在相互作用:自我效能感的高低直接影响个体的努力程度,从而导致成绩的好坏,而成绩的好坏反过来影响个体的自我效能感。

学习可以分为替代性学习和参与性学习。它参与性学习是通过实做并体验行动后果而进行的学习,也是通常意义上的直接经验的学习。替代性学习是通过观察别人而进行的学习,在学习过程中学习者没有外显的行为。

观察学习是指通过观察他人(榜样)所表现的行为及其结果而进行的学习,观察学习包括四个过程:注意过程、保持过程、复现过程和动机过程。强化包括直接强化、替代强化和自我强化。注意过程中观察者注意并知觉榜样情境的各个方面。保持过程中观察者记住榜样在情境中的行为,以表象和言语形式将它们在记忆中进行表征、编码和存储。复制过程中,观察者将头脑中有关榜样情境的表象和符号概念转为外显的行为。动机过程中,观察者因表现所观察到的行为而受到激励。社会学习理论对行为的习得和表现做了区分,认为习得的行为不一定都要表现出来,学习者是否会表现出已经习得的行为,会受到强化的影响。强化包括:直接强化,指观察者因表现出观察行为而受到强化;替代强化,指观察者因看到榜样受强化而受到的强化;自我强化,当个体的行为表现符合甚至超过这一标准时,他就对自己的行为进行自我奖励。

(2)大众媒体对儿童青少年发展的影响。

大众传媒依靠色、声、形等具体形象的内容感染人,表达人们的社会态度、生活方式及思想情感。青少年看电视节目会使电影、电视等大众传媒中人物表现出的人生观、价值观、态度、行为渗透到他们的头脑中。

①对青少年社会认知的影响。

大众媒体是青少年社会学习的潜在渠道,对强化群体刻板印象有重要的作用,因为大众媒体对任一群体的报道往往反映了目前社会上普遍流行的关于该群体的刻板印象。比如穷人多数是不工作的人。通过观察学习也能够得到对性别角色的认知。比如一些杂志中传达了性别信息,什么样是男性特征,怎样做又是女性。

②对青少年社会态度的影响。

在日常生活中,青少年每天接受大量的传媒信息,如听广播、看电视、看报纸和杂志,接受各类广告,等等,这些信息都在影响着他们的态度,使之发生强度上或方向上的改变。

③对青少年社会行为的影响。

班杜拉认为,个体观察他人的攻击行为后,自己表现攻击行为需要有三项必要条件:有一个表现攻击行为的模式;此模式的攻击行为被判断为"合理";观察者处在与表现此模式的攻击行为相同的情境中。攻击行为的学习是要透过观察、模仿的过程而获得的,他认为个人会经由观察楷模人物的行为所受到的赏罚结果来决定自己的行为表现。如研究表明,早年看暴力影视和后来的攻击行为之间的关系通常是正向的。

(3)如何应对?

　　我们要营造一个适宜青少年社会性发展的良好氛围,优化大众传媒环境,促进青少年社会性发展。要做到:首先,提倡对青少年进行媒体素养教育,提高他们的社会认知水平。其次,传媒工作者要以正确的思想引导人,培养青少年良好的社会态度。最后,减少影视暴力对青少年的视觉冲击,促进其良好社会行为的养成。

　　2.论述长时记忆。【华南师范大学 2014】

　　【解析】(1)含义:信息保持的时间在1分钟以上的记忆。多数信息来源于短时记忆,但也有由于印象深刻而一次性获得的,如闪光灯记忆。

　　(2)信息加工。

　　①编码形式:

　　a.语义类别编码:是主要编码方式,如按语义的关系组成一定的系统并进行归类。

　　b.以语言的特点为中介进行编码:借助语言的某些特点如语义、字形、音韵、节律等,对当前输入的某些信息进行编码,使其便于存储。

　　c.主观组织:学习无关联的材料时,既不能分类也没有意义联系,个体倾向于采取主观组织对材料进行加工(自由回忆时多次按相同顺序回忆),分离的项目构成有联系的整体,以此提高记忆效率。

　　d.表象编码。

　　②影响长时记忆编码的主要因素:

　　a.编码时的意识状态:有意编码的效果优于自动编码的效果。

　　b.加工深度:加工深度越大,记忆效果越好。

　　(3)信息存储与提取。

　　①信息的储存:长时记忆中信息的存储是一个动态过程。在存储阶段,已保持的经验会发生变化。记忆存储内容的变化还表现在记忆恢复现象上。

　　②信息提取:两种形式,包括再认和回忆。

　　再认:人们对感知过、思考过或体验过的事物,当它再度呈现时,仍能认识的心理过程。

　　回忆:人们过去经历过的事物以形象或概念的形式在头脑中重新出现的过程。

　　(4)特征。

　　①长时记忆的信息在头脑中存储的时间长,容量没有限制。

　　②保持时间在1分钟以上。

　　③以语义或表象的形式编码。

　　④内容会发生重构,由于自然衰退或干扰等原因会发生遗忘。

第七章 思 维

一、单项选择题

1. 对于以往感知过而当前又不在眼前的事物的心理浮现称为( )【西南大学 2014；江西师范大学 2014】

A. 后像　　　　B. 假象　　　　C. 表象　　　　D. 想象

【答案】C

【考点】心理学导论；思维；表象。

【解析】后像是指刺激物对感受器的作用停止后，感觉现象并不立即消失，而是保留一个短暂时间的现象。假象是指现实生活中不存在的幻想中的形象。表象是指以前感知过的事物不在面前时，人们在头脑中出现的关于事物的形象。想象是对头脑中已有的表象进行加工改造，形成新形象的过程。

2. 表象的形象在头脑中可以放大、缩小、翻转的特性叫表象的( )【西南大学 2014】

A. 翻转性　　　　B. 运动性　　　　C. 可操作性　　　　D. 灵活性

【答案】C

【考点】心理学导论；思维；表象。

【解析】表象具有三个特点。直观性是指表象以生动具体的形象在头脑中出现。概括性是指表象表征事物的大体轮廓和主要特征，具有抽象性。可操作性是指人们可在大脑中对表象进行操作，就像人们通过外部动作控制和操作客观事物一样。可操作性用心理旋转实验来证明。

3. 看见弯弯的月儿，想起了小船，这属于哪一类想象？( )【江西师范大学 2014】

A. 幻想　　　　B. 无意想象　　　　C. 再造想象　　　　D. 创造想象

【答案】C

【考点】心理学导论；思维；想象。

【解析】根据想象活动是否具有目的性，可把想象分为两种：无意想象（一种没有预定目的、不自觉地产生的想象，如做梦）和有意想象（按一定目的、自觉进行的想象）。有意想象根据新颖程度和形成方式不同又可分为：再造想象（根据言语的描述或图样的示意，在人脑中形成相应的新形象的过程，如想象小说中的情节）、创造想象（在创造活动中，根据一定的目的、任务，在人脑中独立地创造出新形象的过程，如创造小说人物）和幻想（指向未来，并与个人愿望相联系的想象）。

4. "月晕而风""础润而雨"表明的思维特征是( )【江西师范大学 2011】

A. 间接性　　　　B. 直接性　　　　C. 概括性　　　　D. 整体性

【答案】A

【考点】心理学导论;思维;思维的特征。

【解析】思维的间接性就是以其他事物为媒介来认识客观事物,即借助已有的知识经验理解或把握那些没有直接感知过的,或根本不可能感知到的事物,预知和推知事物发展的进程。"月晕"和"础润"都是中介物,通过它们反映出天气的变化,因此选A。

5. 在教学过程中有计划地使学生熟悉有关概念的内涵,这类概念称为(　　　)【江西师范大学2014】

　　A.科学概念　　　　　B.日常概念　　　　　C.人工概念　　　　　D.本质概念

【答案】A

【考点】心理学导论;思维;概念。

【解析】不经过专门教学,通过日常交际和积累个人经验而获得概念,这类概念称为日常概念或前科学概念;在教学过程中有计划地使学生熟悉有关概念内涵的条件下掌握概念,这样掌握的概念称为科学概念。人工概念是由实验者人为地将事物的几个属性结合起来制造出的一个概念,用于在实验室中研究概念的形成过程。

6. 主体对一定活动有了某种预先的准备状态,它决定后续同类心理活动的趋势,这种现象称为(　　　)【西南大学2014】

　　A.暗示　　　　　　　B.定势　　　　　　　C.定型　　　　　　　D.期待

【答案】B

【考点】心理学导论;思维。

【解析】定势是指重复先前的心理活动所引起的对活动的准备状态。

7. 已有的知识经验对解决新问题的影响称之为(　　　)【江西师范大学2014】

　　A.启发　　　　　　　B.干扰　　　　　　　C.抑制　　　　　　　D.迁移

【答案】D

【考点】心理学导论;思维;问题解决。

【解析】注意到当前问题与过去问题的相似性,回忆起解决过去问题的知识经验,运用类比策略解决当前问题,即是一种知识迁移。

8. 算法策略和启发式策略是(　　　)【西南大学2014;江西师范大学2014】

　　A.制作人工概念的方法　　　　　　　　　B.解决数学问题的策略

　　C.通用的问题解决策略　　　　　　　　　D.形象思维的具体策略

【答案】C

【考点】心理学导论;思维;问题解决。

【解析】问题解决的策略分为算法策略和启发法策略。算法策略是指按照问题的规则,搜索所有可能的途径,直至选择一种有效方法解决问题。采用算法策略可保证问题的解决,但却需要大量的时间。启发式策略是指根据已有的经验,采取较少的认知操作来解决问题的方法。虽不能保证问题解决的成功,但省力。具体又可分为手段－目的分析法、爬山法和逆向搜索。

第一部分

二、多项选择题

1. 概念是( )【西南大学 2014】

A. 思维活动的结果和产物　　　　B. 人脑对客观事物本质属性的反映

C. 以词为基本单位的符号系统　　D. 思维活动借以进行的单元

【答案】ABCD

【考点】心理学导论;思维;概念。

【解析】概念是人脑对客观事物的一般特征和本质特征的反映,是思维对外来信息进行加工的基本单元。概念是以词为标志的事物的一般和本质特性的符号。概念是思维活动中抽象、概括的结果,是思维的产物。以上话语来自孟昭兰《普通心理学》(北京大学出版社,1994 年出版,第 328 页);所以答案为 ABCD。

2. 下列属于启发性问题解决策略的是( )【江西师范大学 2011】

A. 手段 – 目的分析　　B. 逆向搜索　　　　C. 尝试错误　　　　D. 爬山法

【答案】ABD

【考点】心理学导论;思维;问题解决的策略。

【解析】问题解决的策略包括算法和启发法。算法是在问题空间中随机搜索所有可能的解决问题的方法,一一尝试,直至选择一种有效的方法解决问题。试错属于算法。启发法是人们根据一定的经验,在问题空间内进行较少的搜索,以达到问题解决的一种方法,包括手段 – 目的分析,逆向搜索和爬山法。

三、名词解释

1. 辐合思维【南京师范大学 2016】

【答案】辐合思维是指人们根据已知的信息,利用熟悉的规则解决问题,也就是从给予的信息中,产生合乎逻辑的结论。它是一种有方向、有范围、有条理的思维方式。

2. 创造力【华南师范大学 2015】

【答案】创造力,也称创造性,是个体成功完成某种创造性活动所必需的心理品质,也是创造型人才的重要特征。它是指个人根据一定的目的运用已知的信息,产生出某种新颖独特、有社会价值的产品的能力。创造力的大小高低主要取决于个人的经验、知识、方法和心理素质。

3. 自然概念【湖南师范大学 2015】

【答案】自然概念指的是在人类历史发展过程中自然形成的概念,其内涵和外延由事物自身的特征决定的。

四、简答题

1. 概念形成的策略有哪些?【南京师范大学 2014】

【考点】心理学导论;思维;概念。

【解析】布鲁纳曾提出了概念形成中的四种策略。

(1)保守性聚焦:保守性聚焦是指把第一个肯定实例(焦点)所包含的全部属性都看做是未

知概念的有关属性,以后只改变其中的一个属性。如果改变这一属性后的实例被证实为肯定实例,那么这一属性就是未知概念的无关属性。相反,如果改变这一属性后的实例被判定为否定实例,那么这一属性就是未知概念的有关属性。

(2)冒险性聚焦:冒险性聚焦是指把第一个肯定实例所包含的全部属性都看做是未知概念的有关属性,但同时改变焦点卡片上一个以上的属性。这种策略带有冒险性,不能保证成功,但有可能在短时间内发现概念。

(3)同时性扫描:同时性扫描是指根据第一个肯定实例所包含的部分属性形成多个部分假设。在选取一定的实例后,根据主试的反馈,对多个部分假设进行检验。采用这种策略由于要同时记住多个假设,因此,给工作记忆以及记忆的信息加工带来了很大的负担。这种策略被试也较少采用。

(4)继时性扫描:继时性扫描是指在已形成的部分假设的基础上,根据主试的反馈,每次只检验一种假设,如果这种假设被证明是正确的,就保留它,否则就采用另一个假设。由于对假设的检验是相继进行的,因此这种策略被称为继时性扫描。

五、论述题

1. 结合思维的研究,说说问题解决的策略以及影响因素。【华南师范大学 2015;华东师范大学 2016;西南大学 2012;首都师范大学 2011;天津师范大学 2011;湖南师范大学 2015;山东师范大学 2013;南开大学 2015;苏州大学 2016;上海交大 2016;曲阜师范大学 2011】

扫一扫,看视频

【考点】思维;问题解决;影响问题解决的因素。

【解析】思维是借助于语言、表象或动作实现的,对客观事物间接、概括的反映,是认识的高级形式,它能揭示事物的本质特征和内部联系,主要表现在概念的形成和问题解决的活动中。而问题解决是由一定的情境引起的,按照一定的目标,应用各种认知活动、技能等,经过一系列的思维操作,使问题得到解决的过程。这个过程包含着四个连续的阶段,即发现问题、分析问题、提出假设和验证假设。

在问题解决过程中,问题解决者会使用各种策略。问题解决策略是指使问题发生某些变化并由此提供一定信息的处理、试验或探索。问题解决中所用的各种策略可以分为两大类,即算法式和启发式:一是算法式,这是一种按逻辑来解决问题的策略,就是把所有能够解决问题的方法都一一尝试,最终找到解决问题答案的策略。它的优点是一定能得出正确答案,但最大缺点是很费时费力。二是启发式,这是运用以往解决问题的经验在问题空间内只做少量的搜索就能解决问题。与算法式不同,启发式并不能保证得到答案,但这种缺点可以通过其容易且速度快的优点而得到补偿。主要包括以下几种策略:

(1)手段－目的分析:将需要达到的问题的目标状态分成若干个子目标,通过实现一系列的子目标最终达到总目标,可以暂时远离目标,是人们比较常用的一种解题策略,它对解决复杂的问题有重要的应用价值。

(2)逆向搜索:从问题的目标状态开始搜索直至找到通往初始状态的通路或方法。如解几何题时经常会用到的递推法。更适合于解决那些从初始状态到目标状态只有少数通路的问题，一些几何问题比较适合采用这一策略。

（3）爬山法：采用一定的方法逐步降低初始状态和目标状态的距离，以达到问题解决的一种办法。与手段－目的法不同的是，运用爬山法不可以暂时远离目标。

总之，在问题解决时人们可以选择不同的策略。但人们一般不去寻求最优的策略，而是找到一个较满意的策略。除了上面提到的问题解决的策略会影响问题的解决，以下几点也同样是影响因素：

（1）定势：定势是指以最熟悉的方式做出反应的倾向。陆钦斯用"量水试验"证明了定势对思维的影响。定势既有积极影响也有消极影响，一方面可以提高解题效率，一方面也会使所尝试的问题解决方法固定化。

（2）功能固着：人们把某种功能赐予某种物体的倾向性称为功能固着，如盒子是装东西的，毛笔是写字的，等等。在解决问题的过程中，人们能否改变事物固有的功能以适应新的问题情境的需要，即灵活运用功能变通，常常成为解决问题的关键。

（3）背景知识：解决问题必须具有相应的知识经验，只有依据有关的知识才能为问题的解决确定方向、选择途径和方法。一般来说，知识经验越多，解决问题越容易，但知识经验并不是解决问题的充分条件。

（4）个性特征：气质、性格等差异也影响着问题解决的效率。富有理想、意志坚强、情绪稳定、刻苦勤奋等优良品质都会提高问题解决的效率。保持中等程度的动机水平也有利于问题解决。

此外，智力水平、动机强度、认知策略等也会影响问题的解决 。

【备注】华南师范大学2016年有道考题是"谈谈问题解决的过程，结合实例说明影响问题解决的因素。"与本题很相似。

2.结合实例分析思维的特征与过程。【首都师范大学 2014】

【考点】心理学导论；思维。

【解析】思维的过程涉及思维的操作，是指人在头脑中运用长时记忆中的经验，对外界输入的信息进行分析、综合、比较、抽象和概括的过程。

（1）分析和综合。

分析和综合是思维过程的基本环节。其中，分析是指将事物分解成各个部分或者各个属性。而综合是指把头脑中的各个部分、各个特征和各种属性综合起来。分析和综合是相反的两个过程，但是二者是紧密联系的。任何思维活动既需要分析又需要综合。如理解一篇文章，首先要先将文章分解为段落、句子和词，理解它们的意思，即分析过程；其次要将文章的各个段落综合起来，把握文章的中心思想，即综合过程。

（2）比较。

比较是指将不同事物或者现象进行对比，确定相同点和不同点。比较是以分析为前提，同时比较也是一个综合的过程。比如要比较两篇文章，首先要分析两篇文章的写作手法、描写对象等，即分析；然后再确定它们之间的关系，相同点和不同点，即综合。

（3）抽象与概括。

抽象是指抽出各种事物与现象的共同特征和属性。如石英钟、闹钟、挂钟都能计时，因此，

"钟能计时"就是它们的共同属性,这种认识是通过抽象得到的。

概括是指把抽象出来的共同的、本质的特征综合起来以便推广到同类事物中去。概括分为初级概括(发生在感知觉、表象水平的概括)和高级概括(根据事物内在联系和本质特征进行的概括)。如要求幼儿将香蕉、苹果、皮球、口琴分类,结果发现幼儿会把苹果和皮球分为一类,香蕉和口琴分为一类,他们是在感知觉的水平上对事物进行概括,即初级概括。而一些定义、概念都是高级概括的产物。

3.创造性思维包括哪些特点?分析如何提升个体思维的创造性。【江西师范大学 2014】

【考点】心理学导论;思维;创造性思维。

【解析】创造性思维是指以新颖独特的方法解决问题,并产生新的、具有社会价值的产品的心理过程。

(1)创造性思维的主要特征有:

①新颖性,是创造性思维最本质的特征。创造性思维不仅遵循一般思维活动的规律,而且要另辟路径,超越甚至否定传统思维活动模式,冲破原有理论的束缚,提出具有重大社会价值、前所未有的思维成果。

②发散思维和聚合思维的有机结合。创造性思维要解决的是没有现成答案的问题,由于发散性思维具有变通性、流畅性和独特性的特点,可以打破原有思维活动模式,拓宽思路,产生新颖、独特的思想,因而是创造性思维的主要心理组成成分。但发散性思维不能离开聚合思维而单独发挥作用,它必须与聚合思维结合在一起,依据一定标准,从众多选择中,寻找最佳解决方案,以利于问题顺利解决。

③创造想象的积极参与。创造性想象提供的是事物的新形象,并使创造性思维成果具体化。

④灵感状态。灵感是指人在创造性思维过程中,某种新形象、新概念和新思想突然产生的心理状态。灵感是人主观能动性和积极的精神力量的集中体现,在灵感状态下,人的创造性思维活动的效率极高。

(2)培养和提高创造性思维应该从以下几个方面着手:

①创设创造性思维形成的氛围。创造力在后天教育环境中有更大的塑造空间,我们要努力营造一种民主宽松的教学环境。

②保护好奇心,激发求知欲。引导学生去观察大自然,考察社会生活,启发他们自己发现问题和寻求答案。

③改变传统的评定学习成绩的观念,鼓励学生的创造性行为。允许学生按照自己的猜想去探索问题,鼓励他们用超出书本的知识去创造性地解决问题。

④引导学生积极参加创造性活动。如亲自动手设计和制造各种模型和产品。

⑤加强发散思维和直觉思维的训练。发散思维的训练应当有意识地从培养思维的独创性、灵活性和流畅性入手。可以通过一题多解等形式培养学生思维的灵活性和变通性。通过自编题目等形式发展思维的独特性和新颖性。

⑥培养创造性人格。独立、勤奋、自信、有恒心、谦虚、细致、进取、探究等均有利于创造性的发展,我们应该着力加以培养。

第八章　智　力

一、单项选择题

1. 卡特尔认为晶体智力是(　　)【西南大学 2014】

A. 一个人生来就能进行智力活动的能力　　B. 液体智力演变而来的

C. 通过学习语言和其他经验发展起来的　　D. 个性心理特征决定的

【答案】C

【考点】心理学导论;智力。

【解析】卡特尔把智力区分为流体智力(液体智力)和晶体智力。流体智力是随神经系统的成熟而提高的,如知觉速度、机械记忆、识别图形关系等,不受教育与文化影响,属于人的基本能力,随年龄的增长先上升后下降。晶体智力是通过掌握社会文化经验而获得的智力,如词汇概念、言语理解、常识等,可以持续增长。

2. 在整个成年期中(　　)呈逐渐下降的趋势。【西南大学 2014】

A. 流体智力　　　　B. 晶体智力　　　　C. 一般智力　　　　D. 特殊智力

【答案】A

【考点】心理学导论;智力。

【解析】流体智力随年龄的增长先上升后下降。晶体智力是通过掌握社会文化经验而获得的智力,如词汇概念、言语理解、常识等,可以持续增长。

3. 以下哪种智力类型不是加德纳提出的智力类型?(　　)【江西师范大学 2014】

A. 情境智力　　　B. 空间智力　　　C. 言语智力　　　D. 数理逻辑智力

【答案】A

【考点】心理学导论;智力;智力理论。

【解析】加德纳的多元智力理论认为智力由八种相对独立的智力成分组成:言语智力、数学逻辑智力、空间智力、音乐智力、身体运动智力、社交智力、自知智力和自然智力。情境智力是斯腾伯格的智力情境亚理论的内容,表现为智力有目的地适应环境、塑造环境和选择新环境。

4. 以下叙述不正确的是(　　)【江西师范大学 2014】

A. 斯皮尔曼认为智力是一种普遍而概括的能力

B. 瑟斯顿认为智力包含一群不相关的原始能力

C. 吉尔福特建立了智力的三维结构模型

D. 卡特尔用词汇测验测量语词理解能力

【答案】D

【考点】心理学导论;智力;智力理论。

【解析】斯皮尔曼认为,智力主要是一种普遍而概括化的能力,他称这种能力为一般因素。瑟斯顿认为智力包含一群不相关的原始能力,提出了智力的群因素理论。共包括7种基本能力:①语词理解能力(V):阅读时对文章的理解能力,由词汇测验测量。②言语流畅性(W):语词联想速度和正确的能力。③数字计算能力(N):数字运算的速度和正确性。④推理能力(R):根据已知条件进行推理判断的能力。⑤机械记忆能力(M):机械记忆,包括强记单词、数字、字母的能力。⑥空间知觉能力(S):运用感官及知觉经验以正确判断空间方向及空间关系的能力。⑦知觉速度(P):迅速而正确地观察和辨别事物的能力。吉尔福特建立了智力的三维结构模型,认为智力的结构包括内容、操作和产品三个维度。

二、名词解释

1. 流体智力【华南师范大学 2014;华中师范大学 2014;首都师范大学 2011;上海师范大学 2017;江西师范大学 2014;河北师范大学 2012】

【答案】卡特尔把智力的构成区分为流体智力和晶体智力两大类。流体智力也称液体能力或液体智力,是指在信息加工和问题解决过程中所表现出来的能力,主要基于先天禀赋和大脑的神经解剖机能,较少受后天文化教育的影响。流体智力还与个体的基本心理能力有关,几乎参与到个体的一切活动之中,如知觉、记忆、运算速度、推理能力等。流体智力在人的一生中随生理成长而发生变化,先提高后降低,一般在 20 岁达到顶峰,30 岁以后将随年龄的增长而降低。

扫一扫,看视频

三、简答题

1. 请简述斯腾伯格的智力三元理论。【上海师范大学 2016】

【考点】心理学导论;智力;智力理论。

【解析】斯腾伯格提出了智力的三元理论。他认为一个完备的智力理论应该包括三个方面,即智力内在成分、智力成分与经验的关系以及智力成分的外部作用。这三个方面构成了智力成分亚理论、智力情境亚理论和智力经验亚理论。

(1)智力成分亚理论认为,智力包括三种成分及相应的过程,即元成分、操作成分和知识获得成分。元成分是用于计划、控制和决策的高级执行过程;操作成分表现在任务的执行过程,是指接受刺激,将信息保存在短时记忆中并进行比较,负责执行元成分的决策;知识获得成分是指获取和保存新信息的过程,负责接收新刺激,做出判断与反应,以及对新信息的编码和存储。在智力成分中,元成分起着核心作用,它决定人们解决问题时所使用的策略。

(2)智力情境亚理论认为,智力是指获得与情境拟合的心理活动。在日常生活中,智力表现为有目的地适应环境、塑造环境和选择新环境的能力,这些统称为情境智力。

(3)智力经验亚理论提出智力包括两种能力,一种是处理新任务和新环境所要求的能力,另一种是信息加工过程自动化的能力。

2. 简述加德纳的多元智力理论。【北京师范大学 2011;华南师范大学 2015、2016,天津师范大学 2012;苏州大学 2014;浙江师范大学 2011】

【考点】心理学导论;智力;智力理论。

【解析】美国心理学家加德纳认为,智力的内涵是多元的,它由八种相对独立的智力成分所构成。每种智力都是一个单独的功能系统,这些系统可以相互作用,产生外显的智力行为。这八种成分分别是:

(1)音乐智力:包括对声音的辨别和韵律表达的能力,如作曲。大脑的右半球对音乐的感知和创造起重要的作用。研究表明,脑损伤会造成人的"失歌症"或是音乐能力的丧失。

(2)运动智力:包括支配身体完成精密工作的能力,如打篮球。身体运动由大脑运动神经皮层控制,大脑的每一个半球都控制或支配对侧身体的运动。

(3)人际智力:包括与人交往且能和睦相处的能力。比如,理解别人的行为、动机或情绪。大脑前额叶在人际关系的知觉和处理方面起主要作用,这一区域受到损伤,虽然不会影响个体解决其他问题的能力,但会引起性格的很大变化。

(4)空间智力:包括认识环境、辨别方向的能力,比如查阅地图等。大脑右半球掌管空间位置的判断。大脑的右后部受伤的病人,会失去辨别方向的能力,易于迷路,其辨别面孔和关注细节的能力明显减弱。

(5)言语智力:包括阅读、写文章或小说以及日常会话的能力。大脑的"布洛卡区"负责产生合乎语法的句子。这个区域受到损伤的人,能够很好地理解单词和句子,但不能将单词组成句子。

(6)逻辑－数学智力:包括数学运算与逻辑思考的能力,比如做数学证明题及逻辑推理。

(7)自然智力:包括认识、感知自然界事物的各种能力,如敏锐地觉知周围环境的改变,善于将自然界中看似无关的基本元素有机地联系起来,对生物和环境感兴趣,向往自然,关心环境和濒临物种等。

(8)自知智力:包括认识自己并选择自己生活方向的能力。像社交智力一样,大脑额叶对自知智力也起着重要作用。

四、论述题

1. 什么是能力? 评述影响能力形成与发展的因素。【华南师范大学 2013】

【考点】心理学导论;智力。

【解析】(1)一般认为,能力是一种心理特征,是顺利实现某种活动的心理条件。能力同时包含了两方面的内容:个体已经学会的知识和技能;个体具有的潜力和可能性。

(2)能力的影响因素。

①遗传作用。

一切生物的后代和前代之间在形态结构和生理特征上,总要表现出某些相似的特征。这种把生物具有的性状,相对稳定地传给后代的现象叫遗传。血缘关系接近的人在智力发展水平上确实有接近的趋势。心理学家一般认为,遗传对能力的影响主要表现在身体素质上,良好的身体素质是能力发展的自然前提,但不起决定作用。

②环境和教育对能力形成的影响。

a.产前环境的影响。

胎儿在出生之前生活在母体的环境中,这种环境对胎儿的生长发育以及出生后智力的发展,都有重要的影响(胎教);母亲怀孕的年龄常常影响到儿童智力的正常发展(年龄越大越危险,如唐氏综合征);怀孕期间母体营养不良,不仅会严重影响胎儿脑细胞数量的增加,而且还会造成流产、死胎等现象;母亲服药、患病等。

b.早期经验的作用。

从出生到青少年时期,是个人生长发育的时期,也是能力发展的重要时期。丰富的环境刺激有利于儿童能力的发展,母亲的爱抚能增强儿童的安全感,有安全感的孩子喜欢探索环境,而探索环境是能力发展的前提。

c.学校教育的作用。

课堂教学的正确组织有利于学生能力的发展(严师出高徒),另外,吸引学生参加课外科技小组、绘画小组、体操小组等,丰富校内外生活内容,也有利于学生能力的发展。

③实践活动的影响。

人的各种能力是在社会实践活动中最终形成起来的。离开了实践活动,即使有良好的素质、环境和教育,能力也难以形成和发展起来。由于实践的性质不同,实践的广度和深度不同,形成了各种不同的能力。坚持不懈地参加某种社会实践,相应能力就能得到高度发展。

④人的主观能动性的影响。

能力的提高离不开人的主观努力,人的能力的发展与其他心理品质的发展分不开。高尔基指出:"才能不是别的什么东西,而是对事业的热爱";华罗庚说:"根据我自己的体会,所谓天才就是坚持不懈的努力";能力发展还依赖于自我分析与自我评价的能力。

总之,能力的形成与发展,依赖于多种因素的交互作用,遗传、环境、主观能动性在能力发展中缺一不可。

【备注】在很多心理学家看来,"能力"和"智力"两个词是同等的。

2.试述能力发展的个别差异及其影响因素。【首都师范大学 2014】

【考点】心理学导论;智力。

【解析】个体差异是指个体在成长过程中因为受到遗传与环境的交互影响,使不同个体间在身心特征上所显示的彼此不同的现象。能力的个体差异表现在:

(1)能力发展水平的差异:能力在全人口中的表现为正态分布,两头小,中间大。

(2)能力表现早晚的差异:有些人能力表现较早,很小时就显露出卓越的才华,这种叫早慧,在音乐、绘画、艺术领域比较常见(如莫扎特是音乐神童)。另一种是大器晚成,指能力的充分发展在较晚的年龄才表现出来(如达尔文早年被人认为是智力低下)。

(3)结构的差异:能力各种不同的成分及其不同的成分组合方式,就构成了结构上的差异,如有人长于想象,有人长于记忆。

(4)性别的差异:性别差异并没有表现在一般能力上,而是反映在特殊能力中,如数学智力、言语智力、空间智力等。女孩言语能力普遍好于男孩,男孩操作能力普遍好于女孩。

影响能力发展的因素,见上题解析。

第九章　　　　　　　　　　　情　绪

一、单项选择题

1. 爆发快、强烈而短暂的情绪体验称为(　　)【西南大学 2014】

A. 激情　　　　　　B. 心境　　　　　　C. 应激　　　　　　D. 热情

【答案】A

【考点】心理学导论;情绪。

【解析】情绪是在某种事件或情境的影响下,在一定时间内产生的态度体验或行为反应,典型的情绪状态有心境、激情、应激。心境是一种会影响人的整个情绪活动的情绪状态,特点是持久、微弱、非定向、弥散。激情是人一种强烈、短暂、爆发式的情绪状态,特点是有明显的外部表现;发作短促,冲动,但会迅速弱化,指向性较明显。应激是人在出乎意料的紧张与危急情况下出现的情绪状态,往往是当遇到危险情境而且要做出重大决策的时候发生应激。

2. 积极的情绪可以调节和促进活动,消极的情绪则可破坏和瓦解活动,说明情绪具有(　　)【江西师范大学 2011】

A. 适应功能　　　B. 组织功能　　　C. 动机功能　　　D. 信号功能

【答案】B

【考点】心理学导论;情绪;情绪的功能。

【解析】适应功能是指帮助生物体应对再次发生的重要情境;动机功能是指情绪可以驱动有机体从事活动,提高人的活动效率;信号功能是指情绪具有传递信息、沟通思想的功能。

3. 一般认为原始的情绪包括(　　)【西南大学 2014】

A. 激动与平静　　B. 高兴与悲哀　　C. 喜怒哀乐　　D. 喜怒哀惧

【答案】D

【考点】心理学导论;情绪。

【解析】从生物进化的角度看,人的情绪可分为基本情绪和复合情绪,其中基本情绪是先天的,不学而能的,每一种基本情绪对应着独立的神经生理机制、内部体验和外部表现,并有不同的适应功能。艾克曼通过跨文化研究发现,高兴、悲伤、恐惧、厌恶、愤怒或惊讶在不同文化下基本上是一样的。C 选项中,"乐"并不是一种情绪,而是一种情感。

4. 人在探索未知事件中,所产生的惊奇感、苦闷感是属于(　　)【西南大学 2014】

A. 道德感　　　　B. 理智感　　　　C. 美感　　　　D. 责任感

【答案】B

【考点】心理学导论;情绪;情感分类。

【解析】情感的种类主要有道德感、理智感、美感等。道德感是一个人根据一定的社会行为标准评价自己或他人的行为举止、思想言论和意图时产生的一种情感体验。理智感是人对认识活动的成就进行评价时产生的情感体验;是与人的认识成就的获得,需要和兴趣的满足,对真理的探索和追求,以及思维任务的解决紧密相连。美感是人对客观事物的美的特征的主观体验,是具有一定审美观点的人对外界事物的美进行评价时产生的一种愉悦、肯定、爱慕、满意的情感。

5. 为什么人在森林里遇到熊会害怕,但在动物园里看到熊不会害怕。以下说法不正确的是
( )**【江西师范大学 2013、2014】**

A. 人对森林里的熊和动物园的熊的认识是不一样的

B. 人对熊的情绪不仅仅因熊引起,还综合了对周围其他信息的分析

C. 森林里的熊长得更凶,动物园里的熊长得更可爱

D. 人在森林里看到熊比较意外,在动物园里看到熊是早有期待

【答案】C

【考点】心理学导论;情绪;情绪理论。

【解析】阿诺德的评定兴奋说认为情绪产生取决于人对情境的认知和评价,通过评价来确定刺激情景对人的意义。森林里的熊由于环境较为危险,所以对其的认知偏危险,而动物园里的熊由于环境较为安全所以对其的认知也偏安全。

【备注】江西师范大学连续两年考了一模一样的选择题。

二、多项选择题

1. 人们知觉自己情绪的线索包括( )**【西南大学 2014】**

A. 生理唤起　　　　B. 认识判断　　　　C. 自愿行为　　　　D. 公开行为

E. 他人评价

【答案】ABE

【考点】心理学导论;情绪。

【解析】詹姆斯－兰格的情绪理论认为生理唤醒是情绪体验产生的重要条件,沙赫特的情绪理论强调对生理状态变化进行认知性唤醒是情绪体验产生的重要条件。我们亦可以通过他人的评价知觉自己的情绪。

2. 表情包括( )**【江西师范大学 2011】**

A. 面部表情　　　　B. 动作表情　　　　C. 身段表情　　　　D. 言语表情

【答案】ACD

【考点】心理学导论;情绪;表情。

【解析】表情包括面部表情、姿态表情和语调表情。姿态表情是指由人的身体姿态、动作变化来表达情绪,又叫身段表情,不具有跨文化性,并受不同文化的影响。语言本身可以直接表

达人的复杂情感,如果再配合以恰当的声调就可以更加丰富、生动、完整、准确地表达人的情感状态。

三、名词解释

1. 应激【上海师范大学 2016】

【答案】应激指的是人对某种意外的环境刺激所做出的适应性反应。应激的适应性综合征包括动员、阻抗和衰竭三个阶段。

2. 心境【华中师范大学 2016】

【答案】心境指的是人比较平静而持久的情绪状态。心境具有弥漫性,它不是关于某一事物的特定体验,而是以同样的态度体验对待一切事物,持续时间从几个小时到几个月甚至更长。

3. 情绪调节【首都师范大学 2014】

【答案】情绪调节是指人们管理和改变自己或他人情绪的过程。在这个过程中,通过一定的策略和机制,使情绪在生理活动、主观体验、表情行为等方面发生一定的变化。具体包括三个方面:①具体情绪的调节;②唤醒水平的调节;③情绪成分的调节。

四、简答题

1. 简述情绪的功能。【河北师范大学 2014】

【考点】心理学导论;情绪。

【解析】情绪是一种混合的心理现象,由独特的主观体验、外部表现和生理唤醒三种成分组成。情绪的功能有四种:适应功能、动机功能、组织功能和社会功能。

①适应功能。

情绪是人类早期赖以生存的手段。婴儿在出生时,主要通过情绪来传递信息,与成人进行交流。另外,在成人的生活中,情绪与人的基本适应行为有关,包括攻击行为、躲避行为、寻求舒适、帮助别人等。这些行为有助于人的生存及成功地适应周围的环境。

②动机功能。

情绪是动机的源泉之一,是动机系统的一个基本成分。它能激活人的活动,提高人的活动效率。适度的情绪兴奋,可以使身心处于活动的最佳状态,推动人们有效地完成任务。

③组织功能。

情绪的组织功能是指情绪对其他心理过程的影响,主要表现在积极情绪的协调作用和消极情绪的破坏、瓦解作用。研究表明,情绪状态可以影响学习、记忆、社会判断和创造力。另外,情绪的组织功能还体现在人的行为上,当人处于积极、乐观状态时,易于注意到事物美好的一面;相反,则易于放弃愿望或者产生攻击性行为。

④社会功能。

情绪在人际间具有传递信息、沟通思想的功能。这种功能主要通过情绪的外部表现即表情来实现,如微笑表示赞赏和友好。情绪可以作为社会的黏合剂,使人们接近某些人,也可以作为

第一部分

阻隔剂,使人们远离某些人。人所体验到的情绪,对其社会行为有重大影响。

2. 请简述坎农－巴德关于情绪发生的理论。【江西师范大学 2011、2014】

【考点】心理学导论;情绪;情绪理论。

【解析】坎农和他的学生巴德提出了情绪的丘脑理论来解释情绪的产生。他认为,情绪的产生不能用生理变化的知觉来解释,而是大脑皮层解除丘脑抑制的综合功能,即外界刺激信息在作用于感官后引起的神经冲动首先传递到大脑的丘脑部位,再由丘脑进行加工后同时把信息传递到大脑以及机体的其他部分,即神经冲动上传至大脑皮层,同时又传递冲动到达内脏。传递到大脑皮层的信息引起情绪体验,传递到内脏和骨骼肌的信息激活生理反应引起相关的情绪表达。情绪体验和身体反应都作为丘脑活动的结果而在同一时刻产生。简言之,情绪中心不是在周围神经系统,而是在中枢神经系统的丘脑,当丘脑被唤起并活动时,情绪就产生了,情绪感觉是大脑皮层和自主神经系统共同激起的结果。

五、论述题

1. 简述认知－评价理论,并说说该理论的发展意义。【华南师范大学 2014;上海师范大学 2014;曲阜师范大学 2011】

【考点】心理学导论;情绪;情绪理论。

【解析】(1)拉扎勒斯的认知－评价理论认为情绪是人和环境相互作用的产物,在情绪活动中,人不仅接受环境中的刺激事件对自己的影响,同时要调节自己对于刺激的反应。情绪是个体对环境事件知觉到有害或有益的反应。在情绪活动中,人们需要不断地评价刺激事件与自身的关系。具体来讲,有三个层次的评价:初评价、次评价和再评价。

初评价是指人确认刺激事件与自己是否有利害关系,以及这种关系的程度。次评价是指人对自己反应行为的调节和控制,它主要涉及人们能否控制刺激事件,以及控制的程度,也就是一种控制判断。再评价是指人对自己的情绪和行为反应的有效性和适宜性的评价,实际上是一种反馈性行为。

(2)发展意义。

①认知－评价理论端正了西方传统心理学和哲学把情绪和理智看为绝对对立、互相排斥的观念。

②认知－评价理论认为情绪深受社会文化的影响,这种影响在任何社会都是通过对情景事件的认知评价而发生的。比如视错觉的敏感性、疼痛的生理心理反应,都可能有个人和民族的差异。人们由于认识的不同,情绪体验也有所不同。这种不同甚至从情绪性概念中得到体现。

③该理论大大提高了对情绪复杂性的认识,把情绪和认知联系起来的观念开阔了人们的思路,也开辟了认知研究和情绪研究的新领域。特别是,它为情绪理论和实验研究的进一步发展起到界碑的作用。

【备注】有些学校的考题是"简述认知－评价理论",如江西师范大学 2012 年。

2. 结合情绪理论，说说我们如何在社会中培育理性平和的社会心态。【华南师范大学2015】

【考点】心理学导论；情绪；情绪理论。

【解析】情绪是指人对客观事物的态度体验和相应的行为反应。心态是对事物的认知和看法。心态和情绪之间相互影响，因此，培养理性平和的心态也需要我们培养平和的情绪。

(1)情绪的早期理论。

根据詹姆斯－兰格的情绪理论，情绪是植物性神经系统活动的产物。詹姆斯认为情绪是对身体变化的觉知，因为哭泣而悲伤，因此在生活中可以经常面带微笑，因为微笑而快乐；兰格认为情绪是内脏活动的结果，多吃香蕉等令人愉快的水果，多运动，可以促进内脏活动向积极方向发展，保持理性平和的心态。

(2)情绪的认知理论。

根据阿诺德的"评定－兴奋说"认为情绪的产生是经过刺激到评估再到情绪的过程。因此，在面临不同的刺激情境时，我们需要做的是正确的评估情境。培养理性平和的社会心态，也就是要求我们客观地评价情境的优劣。

沙赫特－辛格的情绪理论，对于特定的情绪来说，有三个因素必不可少：个体必须体验到高度的生理唤醒，必须对生理状态进行认知性的唤醒和相应的环境因素。因此当环境特别具有感染性，生理状态又高度唤醒时，需要做的是对生理状态的正确认知，认知到这一点，就容易在这种状态下很好地控制情绪，理性地作出反应。

拉扎勒斯的认知评价理论认为，情绪是人与环境相互作用的产物，是个体对环境事件知觉到有害或有益的反应。因此，在社会生活中，我们需要对环境与自己的利害关系进行正确的评价，然后对自己的行为进行调节，再评价自己的情绪和行为反应的有效性和适宜性，经过这样的评价过程，就不会轻易愤怒，做出对他人，对自己有伤害的行为。

(3)情绪智力理论。

在社会中保持理性平和的心态，需要我们不断提高自己的情绪智力。根据梅耶－撒洛维的情绪智力理论，首先正确觉察自己的情绪状态，进而学会调节自己的心态以适应环境特点，还要能够敏感的知觉到他人的情绪状态，调适他人的情绪，使自己所在的群体环境是一个理性平和的状态，这样也能反过来，促进自己理性平和心态的保持。

总而言之，从生理、认知和智力的情绪理论方面，我们可以总结出上述方法在社会中培养出理性平和的心态。

第十章	动　机

一、单项选择题

1. 激发和维持个体进行活动,并导致该活动朝向某一目标的心理倾向叫(　　)【西南大学2014】

A. 需要　　　　　　B. 动机　　　　　　C. 兴趣　　　　　　D. 爱好

【答案】B

【考点】心理学导论;动机。

【解析】需要是有机体内部的一种不平衡的状态,它表现为有机体对内部环境或外部生活条件的一种稳定的要求,并成为有机体活力的源泉。兴趣是人积极探究某种事物的认识倾向。兴趣是爱好的前提。当兴趣进一步发展成为从事某种活动的倾向时,就变成了爱好。动机是激发和维持个体进行活动,并导致该活动朝向某一目标的心理倾向。

2. 下列不属于意志行为的是(　　)【华南师范大学2016】

A. 蜜蜂筑巢　　　B. 每天坚持早起　　　C. 坚持每天阅读　　　D. 修三峡大坝

【答案】A

【考点】心理学导论;动机。

【解析】意志是有意识地支配、调节行为,通过克服困难,以实现预定目的地心理过程。显然,蜜蜂没有意识。

3. 首次提出"控制点"理论并根据这一理论将归因分为"内控型"和"外控型"的心理学家是(　　)【西南大学2014】

A. 海德　　　　　B. 凯利　　　　　C. 罗特　　　　　D. 维纳

【答案】C

【考点】心理学导论;动机。

【解析】罗特把强化的偶然性程度所形成的普遍信念称为控制点。内控型强调结果是由个体的自身行为所造成。外控型强调结果是由个体之外的因素造成的。海德指出,人会把行为结果的原因归结为内部原因和外部原因两种。内部原因是指存在于个体本身的因素,如能力、努力等。外部原因是指环境因素,如任务难度、外部的奖励与惩罚。维纳系统地提出了动机的归因理论,证明了成功和失败的因果归因是成就活动过程的中心因素,维纳也把成就行为的原因划分为内部原因和外部原因,同时把"稳定性"作为一个新的维度。凯利提出三维归因理论。

4. 马斯洛把较低层次、与个体的生命攸关的需要称为(　　)【江西师范大学2011】

A. 生长需要　　　　　　　　　B. 获得性需要

C.缺失性需要   D.基础性需要

【答案】C

【考点】心理学导论;动机;需要。

【解析】马斯洛认为生理需要、安全需要、归属和爱的需要和尊重的需要直接关系到个体的生存,又叫缺失需要,属低级需要。自我实现的需要并不是维持个体生存所必需的,所以叫生长需要,属高级需要。

5.社会需要是(   )【西南大学 2014】

A.物质需要   B.缺失性需要   C.生物需要   D.获得性需要

【答案】D

【考点】心理学导论;动机;需要。

【解析】物质需要指向社会的物质产品,通过占有这些产品来获得满足。与之相反的是精神需要。缺失性需要是指直接关系到个体的生存需要。与之相对应的是获得性需要。生物需要也是自然需要,由机体内部某些生理的不平衡状态引起,对有机体维持生命、延续后代有重要的意义,与之相反的是社会需要。所以社会需要是指获得性需要。

6.一般来说,动机强度与活动效率的关系大致是(   )的关系。【西南大学 2014】

A.U型曲线   B.倒U型曲线   C.线型关系   D.指数曲线

【答案】B

【考点】心理学导论;动机。

【解析】动机强度和活动效率之间的关系可以表述为耶克斯－多德森定律,即动机和行为效率之间不是一种线性关系,而是倒U形曲线的关系。中等强度的动机最有利于任务的完成;也就是说,动机强度处于中等水平时,工作效率最高。

7.某个厂长想生产假冒伪劣产品,因为这样可能会赚很多钱,但是因为坑害消费者,一旦被查到便会坐牢,这个厂长此时产生的冲突属于(   )【江西师范大学 2011】

A.双趋冲突   B.双避冲突   C.趋避冲突   D.双重趋避冲突

【答案】C

【考点】心理学导论;动机;意志。

【解析】"赚钱"是趋,"坐牢"是避,所以为趋避冲突。

8.以下哪些不属于对意志品质的表述?(   )【江西师范大学 2014】

A.自觉性   B.果断性   C.开放性   D.坚持性

【答案】C

【考点】心理学导论;动机;意志。

【解析】意志的品质有果断性和优柔寡断,坚定性(顽强性、坚持性、坚韧性)和动摇性,自制性和任性怯懦,独立性(自觉性)和受暗示性。开放性是对人格品质的表述。

二、多项选择题

1. 需要( )【西南大学 2014】

A. 是对有机体内部不平衡状态的反映

B. 表现为有机体对内外环境条件的欲求

C. 是人对客观外界事物的态度的体验

D. 是顺利有效的完成某种活动必须具备的心理条件

【答案】AB

【考点】心理学导论；动机；需要。

【解析】情绪和情感是人对客观外界事物的态度的体验。能力是顺利有效的完成某种活动必须具备的心理条件。所以 CD 都错。

三、名词解释

1. 挫折【苏州大学 2016；吉林大学 2013】

【答案】挫折是指人们在有目的地活动过程中，遇到无法克服或自以为无法克服的障碍与干扰，使其需要或动机得不到满足而产生的障碍。或者说，挫折是指个体的意志行为受到无法克服的干扰或阻碍，预定目标不能实现时产生的一种紧张状态和情绪反应。

扫一扫，看视频

2. 自我效能感【首都师范大学 2014】

【答案】班杜拉将人对自己是否能够有能力完成某一成就行为的主观判断称为自我效能感。若个体确信自己有能力完成某一项活动，就是有高自我效能感；否则就是低自我效能感。班杜拉等人的研究指出，影响自我效能感形成的因素主要有：①个人自身的成败经验；②替代经验；③言语劝说；④情绪唤醒；⑤情景条件：当一个人进入陌生而易引起个体焦虑的情境中时，会降低自我效能水平与强度。

四、简答题

1. 简述动机与作业的关系。【华南师范大学 2014】

【考点】心理学导论；动机。

【解析】动机是由目标或对象引导、激发和维持个体活动的一种内在心理过程或内部动力。动机是一种内在的过程，因而对动机不能进行直接观察，但可以通过个体对任务的选择、努力程度、对活动的坚持性和言语表达等外部行为进行间接的推断。动机的功能包括激活功能、指向功能和维持调整功能。激活功能指动机具有发动行为的作用，推动个体产生某种行为。指向功能指动机能使个体的行为指向某个特定目标。维持调整功能体现在行为的坚持性。当活动指向个体所追求的目标时，这种活动就会在相应的动机维持下继续；反之行为动机就会下降。

动机和作业之间的关系呈倒 U 型曲线，也就是耶克斯－道德森定律。动机强度与作业效

率之间呈倒 U 型曲线关系,中等强度的动机最有利于作业的完成;动机的最佳水平随作业性质的不同而不同:在比较容易的任务中,作业效率随动机的提高而上升,随着作业难度的增加,动机最佳水平有逐渐下降的趋势。

2. 如何增强挫折承受力?【南京师范大学 2014】

【考点】心理学导论;动机;挫折。

【解析】增强挫折承受力是培养良好意志行为的重要方面。意志行为的重要特征是勇于克服困难和阻碍,而正确对待挫折是克服困难的一个方面。能否经受得起挫折涉及多方面因素,下面介绍几种重要的因素:

(1)正确对待挫折:首先要认识到挫折是普遍存在的。还应该认识到挫折具有两重性,挫折和磨难并不都是坏事,它促使人为了改变境况而奋斗,能磨炼性格和意志,增强创造能力和智慧,使人对生活、对人生认识得更加深刻、更加成熟。同时,遭受挫折后认真总结经验教训也是十分必要的,应该尽量避免不必要的挫折。

(2)改善挫折情境:挫折情境是产生挫折和挫折感的重要原因,如果挫折情境得到改善和消失,挫折感也就会随着消失。

(3)总结经验教训:一方面从失败中吸取教训,以积极态度冷静地分析遭受挫折的主、客观原因,及时找出失败的症结所在,发现自己的弱点,力争改进。另一方面,要发现自己的优点和长处,从而振作精神,鼓起战胜挫折的勇气,树立信心,提高对挫折的承受能力。

(4)调节抱负水平:抱负水平是指个体在从事活动前,对自己所要求达到的目标或成就的标准。抱负水平过低或过高都不利于增强个体的自信心和自尊心。在过低的抱负水平下,即使成功了,人们也不能产生成就感;抱负水平过高,在达不到预定的目标时,就容易产生挫折感。所以要使个体在活动中产生成就感又不至于受到挫折,就要提出适合个体能力水平的、具有挑战性的标准。

(5)建立和谐的人际关系:建立和谐的人际关系对于增强挫折的承受力是有积极作用的。当一个人遭受挫折后,如果有几个在思想上、学习上、生活上志同道合的朋友,能向他们倾诉自己的心里话,便能使自己从挫折中解脱出来,内心的紧张也会逐渐减弱。同时,还可以从朋友那里得到鼓励、信任、支持和安慰,重新振作精神,战胜困难和挫折。要建立和谐的人际关系,要关心别人,与人友好相处。

第二部分 人格心理学

第一章　人格的含义

一、简答题

1. 简述人格心理学研究的特点。【苏州大学 2015】

【考点】 人格心理学；人格的含义。

【解析】 人格心理学的特点包括：

（1）在研究内容上侧重于人的心理差异：人格心理学并不是以研究人类所具有的共同心理现象为主要研究内容，而是关注共同心理现象在每个人身上所表现的差异性。

（2）在研究策略上强调人格的整体统合性：从心理学研究取向来看，可分为两种研究风格，即微观研究和宏观研究。微观研究取向是以注重细节的分析性研究为主导的方法论。宏观研究取向是以注重整体的综合性研究为主导的方法论。

（3）在研究特征上注重人的内部稳定性：人格心理学家关注的重点在稳定的人格特征上，而不是对外部刺激的一时反应。

2. 简述人格的基本性质。【东北师范大学 2013；苏州大学 2014】

【考点】 人格心理学；人格的含义。

【解析】 人格是心理学研究的一大领域，各家各派对人格的定义各不相同，综合起来大致认为：人格是构成一个人的思想、情感以及行为的独特模式，这种模式包含了一个人区别于他人的稳定而统一的典型心理品质。人格的基本特征如下：

（1）独特性。一个人的人格是在遗传、成熟、环境、教育等先后天因素的交互作用下形成的。

（2）稳定性。人格的稳定性反映在三个方面：人格形成方面、人格表现方面、人格特征方面。

（3）统合性：人格是一个系统，系统中包含有各种人格结构成分与功能，人格的各种成分都处于一个统一的相互依赖的关系之中，这种结构关系赋予了每一个成分特殊的含义，把某一部分从结构关系中脱离出来研究将会失去许多重要价值。

（4）功能性：当人格具有功能性时，表现为健康而有力，支配着一个人的生活与成败；而当人格功能失调时，就会表现出软弱、无力、失控，甚至变态。

3. 简述你对人格及其形成与发展的理解。【东北师范大学 2012；江西师范大学 2011】

【考点】 人格心理学；人格的含义及影响因素。

【解析】 人格是在遗传与环境的交互作用下逐渐形成并发展的。影响人格的因素主要有：

（1）遗传和身体因素。

所谓遗传，是指上一代染色体中包含的遗传性状传给下一代的现象。身体因素主要指一个人的外表和身体的机能对人的个性的影响。人的容貌、体形的好坏对人的个性会产生直接影响。身体外部条件比较好的人容易产生愉快、满足之感，这种自豪感容易使人产生积极向上的个性。

(2)社会文化因素。

社会和社会实践对一个人的个性培养和发展的作用很大。社会文化对人格具有塑造功能，如不同文化的民族有其固有的民族性格。

(3)家庭环境因素。

家庭因素对个性的影响，是指家庭的经济与政治地位、父母的教养方式等因素对一个人的个性的形成和发展的影响。权威型教养方式的父母过于支配。在这种环境下成长的孩子容易形成消极、被动、懦弱的人格特征。放纵型教养方式的父母对孩子过于溺爱。孩子多表现为任性、自私、蛮横胡闹等。民主型教养方式的父母与孩子在家庭中处于一种平等和谐的氛围当中。孩子会形成一些积极的人格品质，如活泼、直爽、善于交往、思想活跃等。

(4)早期童年经验。

幸福的童年有利于儿童发展健康的人格，不幸的童年可能导致儿童形成不良的人格。

(5)学校教育因素。

学校教育对人的性格的形成，特别是人的世界观、人生观、道德理想的确立，具有重要的意义。学校是人格社会化的主要场所，教师对学生的人格发展具有导向作用。

(6)自然物理因素。

生态环境、空间拥挤程度等物理因素也会影响到人格的形成与发展。但自然环境对人格不起决定性的作用。在不同物理环境中，人可以表现不同的行为特点。

(7)自我调控因素。

自我调控系统是人格发展的内部因素，以自我意识为核心。自我调控系统的主要作用是对人格的各成分进行调控，保证人格的完整统一与和谐。

总之，一个人的人格是在各种内外因素的影响下形成和发展变化的。遗传决定了人格发展的可能性，环境决定了人格发展的现实性，自我调控系统是人格发展的内部决定因素。

<table>
<tr><td>第二章</td><td>人格心理学的流派与应用</td></tr>
</table>

一、单项选择题

1. 下列不属于弗洛伊德的人格结构的是(　　)【华南师范大学 2016】

　　A. 本我　　　　　　　B. 自我　　　　　　　C. 超我　　　　　　　D. 真我

【答案】D

【考点】人格心理学;精神分析流派;古典精神分析。

【解析】本题考查考生对弗洛伊德人格理论中的人格结构理论的理解和掌握。弗洛伊德认为人格由本我(id)、自我(ego)和超我(superego)构成。本我(id)是人格结构中最原始部分,活动原则是追求快乐。自我(ego)是个体出生后,在现实环境中由本我中分化发展而产生,活动原则是现实原则。超我(superego)是人格结构中居于管制地位的最高部分,是由于个体在生活中,接受社会文化道德规范的教养而逐渐形成的,活动原则是道德原则。

2. 弗洛伊德认为,参与某些具有攻击性的活动,如拳击,是潜在的攻击冲动以社会可以接受甚至鼓励的方式宣泄出来,这属于(　　)防御机制。【江西师范大学 2011】

　　A. 替代　　　　　　　B. 投射　　　　　　　C. 升华　　　　　　　D. 反向作用

【答案】C

【考点】人格心理学;精神分析流派;古典精神分析;心理防御机制。

【解析】替代是指将对某个对象的情感、欲望或态度转移到另一较为安全的对象上,而后者完全成为前者的替代物。通常是把对强者的情绪、欲望转移到弱者或者安全者身上,如在单位上受了气以后向家里人发泄。替代、转移、置换都是英文单词 displacement 的不同翻译。投射是指将自己不喜欢或不能接受的性格、态度、意念等,投射到别人身上或外部世界去,以免除自责的痛苦。升华是指把被压抑的不符合社会规范的原始冲动或欲望,用符合社会要求的、鼓励的、高尚的行为方式表达出来,如跳舞、绘画、拳击等。反向是指内心里有一种欲望或冲动,承认了会引起内心的不安,反而表现出与其相反的欲望和冲动,如常说的"此地无银三百两"。

【备注】华东师范大学 2016 年的一道考题与之类似。

3. 下列方法不属于精神分析法的是(　　)【华南师范大学 2016】

　　A. 自由联想　　　　　B. 梦的分析　　　　　C. 口误分析　　　　　D. 虚拟现实技术

【答案】D

【考点】人格心理学;精神分析流派。

【解析】精神分析疗法包括自由联想、催眠、释梦、口误分析等。虚拟现实技术是一种可以创建和体验虚拟世界的计算机仿真系统。它利用计算机生成一种模拟环境,是一种多元信息融合的交互式的三维动态视景和实体行为的系统仿真,能够使用户沉浸到该环境中。

4. 艾森克人格理论属于人格结构(   )【西南大学 2014】

A. 动力理论　　　　B. 特质理论　　　　C. 类型理论　　　　D. 神经理论

【答案】B

【考点】人格心理学;生物学流派。

【解析】人格特质理论认为特质是决定个体行为的基本特性,是人格的有效组成元素,也是评测人格常用的基本单位,主要用来描述个体间的差异,包括奥尔波特的特质理论、卡特尔的人格特质理论、艾森克的人格理论、塔佩斯的人格理论、特里根的人格特质理论等。人格的类型理论主要用来描述一类人与另一类人的心理差异,即群体间的差异,包括弗兰克·法利的单一类型理论,弗里曼和罗斯曼的 A—B 型人格类型,荣格的内外向人格理论和多元类型理论等。

5. 艾森克认为内向者的皮质唤醒水平(   )于外向者的皮质唤醒水平。【江西师范大学 2011】

扫一扫,看视频

A. 高　　　　　　　　　　　　　B. 低

C. 等　　　　　　　　　　　　　D. 不一定高或低

【答案】A

【考点】人格心理学;生物学流派。

【解析】艾森克认为,外向和内向的人在无外界刺激、处于休息状态时的大脑皮质唤醒水平不同。内向者皮质唤醒水平比外向的人高。而对于同样强度的外部刺激,内向者比外向者体验的强度更高,因而更敏感,而外向者对刺激则不敏感。

6. 心理咨询中使用的理性－情绪疗法,是在埃利斯的 ABC 理论的基础上建立的,其中 B 代表的是(   )【华南师范大学 2016】

A. 存在的事实或行为

B. 个人对事实或行为的看法和信念

C. 当事人的情绪反应

D. 治疗方法

【答案】B

【考点】人格心理学;认知流派。

【解析】埃利斯的 ABC 理论中激发事件 A(activating event) 只是引发情绪和行为后果 C (consequence) 的间接原因,而引起 C 的直接原因则是个体对激发事件 A 的认知和评价而产生的信念 B(belief)。因此,B 代表的是个人对事实或行为的看法和信念。

二、多项选择题

1. 罗杰斯认为影响自我实现的因素主要有(   )【江西师范大学 2011】

A. 个人建构系统的完善　　　　　　　B. 无条件的积极关注

C. 积极关注的需要　　　　　　　　　　　D. 价值的条件

【答案】BCD

【考点】人格心理学；人本主义人格理论。

【解析】罗杰斯的基本假设是所有的人都有获得积极看待的需要,包含了要求获得他人的关注、赞赏、尊敬、温暖与爱。价值的条件是他人或自己对具体行为的评价,指给予积极或消极评价的条件。个人建构系统的完善是凯利的个人建构理论的观点。

2.弗洛伊德把人格分成三个部分,它们是(　　)【江西师范大学 2011】

A. 本我　　　　　　　B. 自我　　　　　　　C. 超我　　　　　　　D. 大我

【答案】ABC

【考点】人格心理学；精神分析流派；弗洛伊德的人格理论。

【解析】本题考查考生对弗洛伊德人格理论中的人格结构理论的理解和掌握。弗洛伊德认为人格由本我(id)、自我(ego)和超我(superego)构成。本我(id)是人格结构中最原始部分,活动原则是追求快乐。自我(ego)是个体出生后,在现实环境中由本我中分化发展而产生,活动原则是现实原则。超我(superego)是人格结构中居于管制地位的最高部分,是由于个体在生活中,接受社会文化道德规范的教养而逐渐形成的,活动原则是道德原则。

3.从个体在认知加工中对客观环境提供线索的依赖程度看个体的认知风格可以分为(　　)【西南大学 2014】

A. 场独立型　　　　　　B. 场依存型　　　　　　C. 抽象型　　　　　　D. 冲动型

E. 沉思型

【答案】AB

【考点】人格心理学；认知流派。

【解析】威特金等人提出场依存和场独立的认知风格,主要是根据人对外部环境(场)的不同依赖程度来划分的。卡根等人提出冲动型与沉思型的认知风格,主要根据对问题的思考速度来划分。

三、名词解释

1.气质【华南师范大学 2015】

【答案】气质是心理活动表现在强度、速度、稳定性和灵活性等动力性质方面的心理特征的总和,即平常所说的脾气、秉性或性情。气质是先天的、稳定的,但环境条件和重大生活事件都会对气质产生影响,不过这种改变较难且幅度不大。气质没有好坏之分,也不决定一个人的成就高低,但能影响其工作效率、心理健康等。一般把气质分为四种类型,即胆汁质、多血质、黏液质和抑郁质。主要的气质理论有体液说、高级神经活动类型学说。

2.认知风格【华南师范大学 2013、2016】

【答案】认知风格是指个人所偏爱使用的信息加工方式,也叫认知方式。例如:有人喜欢独立思考,有人则喜欢与人讨论问题,从别人那里得到启发。认知加工方式有许多种,主要的有:威特金森提出的场依存性和场独立性,他认为人对外部环境有不同的依赖程度;卡根等人提出的冲动型和沉思型,认为认知风格的差异主要表现在对问题思考的速度上;达斯等人根据脑功能的研究区分了同时性和继时性两种认知风格,认为左脑优势的个体表现出继时性的加工风格,而右脑优势的个体表现出同时性的加工风格。

3. 人格面具【湖南师范大学 2015】

【答案】个体适应社会环境的机能表现。个体必须适应不同的社会环境,并在不同的社会环境中扮演不同的社会角色。

4. 集体潜意识【华南师范大学 2016】

【答案】集体潜意识是荣格提出的人格结构的一部分,是位于人格结构的最底层部分,是一个储存库,储存的是祖先(人类祖先和动物祖先)在漫长的生物演化过程中世代积累的经验,保存的形式是原型。集体潜意识和个人潜意识的区别在于:它不是被遗忘的部分,而是我们一直都意识不到的东西。荣格曾用岛打了个比方,露出水面的那些小岛是人能感知到的意识;由于潮来潮去而显露出来的水面下的地面部分,就是个人潜意识;而岛的最底层是作为基地的海床,就是我们的集体潜意识。

5. 角色疗法【湖南师范大学 2015】

【答案】角色疗法由凯利提出,具体做法是:让来访者扮演一个由心理治疗者设定的新角色,来访者按照新的角色要求来行动,治疗者鼓励来访者以新的方式来看自己,以新的方式行动,并以新的方式来解释自己,也就是成为一个新的人。

6. A 型人格【华东师范大学 2015、2016】

【答案】福利曼和罗斯曼描述了 A－B 型人格类型。A 型人格的主要特点是:性情急躁、缺乏耐性、成就欲高、上进心强、有苦干精神、工作投入、做事认真负责、时间紧迫感强、富有竞争意识、外向、动作敏捷、说话快、生活常处于紧张状态,但办事匆忙、社会适应性差,属不安定型人格。具有这种人格特征的人易患冠心病。

四、简答题

1. 气质与性格的区别。【华南师范大学 2014;西南大学 2014】

【考点】人格心理学;气质。

【解析】气质是心理活动表现在强度、速度、稳定性和灵活性等方面动力性质的心理特征的总和,就是平常所说的脾气、秉性或性情。

性格是指与社会道德评价相联系的人格特质,表现为个人的品行道德和行为风格,受价值观、人生观、世界观的影响,是个人有关社会规范、伦理道德方面的各种习性的总称。

区别:气质是个体心理活动的动力特征,受先天因素影响较大,变化较难,较慢;性格主要是后天形成的,具有社会性,变化较易,较快。气质与行为内容无关,无好坏善恶之分;性格涉及行为内容,表现个体与社会的关系,有好坏之分。儿童个性结构中,气质特点起重要作用;而成人的个性结构中,气质成分的作用渐减,性格特征逐渐起核心意义和作用。个体之间人格差异的核心是性格的差异。

联系:首先,气质会影响个人性格的形成。其次,气质可以按照自己的动力方式,渲染性格特征,从而使性格特征具有独特的色彩。第三,气质还会影响性格特征形成或改造的速度。反过来性格也可以在一定程度上掩盖或改变气质,使它服从于生活实践的要求。

2. 简述罗杰斯关于机能完善者的人格特征。【湖南师范大学 2016】

【考点】人格心理学;人本主义。

【解析】罗杰斯认为机能完善的人具有以下几个特征:

(1)经验开放。机能完善者不需要防御机制,所有经验都是被准确地符号化而成为意识。

(2)自我协调。机能完善者的自我结构与经验协调一致,并且具有灵活性,以便同化新的经验。

(3)机体估价过程。机能完善者以自己的实现倾向作为估价经验的参考体系,不在乎世人的价值条件。

(4)无条件的积极自我看待。机能完善者时时刻刻对自己的经验和行为都给予积极肯定,他们不觉得有什么见不得人的内在冲动。

(5)与同事和睦相处。机能完善者乐于给他人以无条件的积极看待,同情他人,也为他人所喜爱。

3. 简述弗洛姆的人性观及其特色。【苏州大学 2016】

【考点】人格心理学;精神分析流派。

【解析】弗洛姆持积极的人性观,但有些人会以病态的方式去体验幸福。他提出了人有六种基本需要,分别是关联的需要、归根的需要、超越的需要、认同的需要、方向架构和献身的需要、刺激和被刺激的需要。弗洛姆把心理现象放到了更广阔的政治、经济和文化的背景下加以研究,无疑大大拓宽了精神分析以及整个心理学的研究视野。此外,弗洛姆对释梦、自由和极权主义的理解颇有独到之处,他关于男女平等的观点比弗洛伊德进步,他对生理驱力的承认也比阿德勒完全否认行为的内在决定性要来得合理。弗洛姆对普通大众生活的状况十分了解,他发出的能源危机、饥荒和核战是现代社会三大威胁的警告,充分显示了他睿智的预见性以及对于生命责无旁贷的勇气。

4. 哪位心理学家第一次把人格分为内向和外向?并且简述其理论框架。【北京大学 2013】

【考点】人格心理学;生物学流派。

【解析】荣格首次将人格分为内向和外向。荣格认为,在世界的联系中,人的精神有两种态度,一种态度是指向个人内部的主观世界,称为内向(或内倾),另一种态度是指向外部环境,称为外向(或外倾)。内心的心理活动指向的是自己的内部世界,喜欢安静,富于幻想,对事物的本质和活动结果感兴趣;外向的人则好交际,为人活泼、开朗,对外部世界的各种事物感兴趣。

除了两种态度外,荣格还提出了**四种心理功能:思维、情感、感觉、直觉**。他认为思维的功能是评价事物正确与否;情感的作用是判断和确定事物价值,考量事物是否可以被接受;感觉是一个人确定事物是否存在的功能,但并不能指明它是什么;直觉是对过去或将来事物的预感。荣格将两种态度和四种功能结合,构造了 8 种人格类型:外倾思维型、外倾情感型、外倾感觉型、外倾直觉型、内倾思维型、内倾情感型、内倾感觉型、内倾直觉型。但这 8 种只是极端情况,实际上每个人除了占优势的人格类型,还有不占优势的人格类型。

5. 为什么内向的人比外向的人读书时更喜欢选择安静的环境?【华中师范大学 2016】

【考点】人格心理学;生物学流派。

【解析】根据艾森克的观点:

(1)外向的人不易受周围环境影响,难以形成条件反射,具有情绪冲动和爱发脾气、爱交际、渴求刺激、粗心大意的特点。

(2)内向的人易受周围环境影响,容易形成条件反射,情绪稳定、好静,不易发脾气,不爱社交、冷淡、深思熟虑,喜欢有秩序的生活和工作等特点。

所以内向的人比外向的人读书时更喜欢选择安静的环境。

6. 简介艾森克的三大人格维度及其生物学基础。【辽宁师范大学 2013;河南大学 2013】

【考点】人格心理学;生物学流派。

扫一扫,看视频

【解析】艾森克通过因素分析界定了人格的三个主要维度:内外向、神经质和精神质。

①**内外向**:艾森克将兴奋与抑制过程看作是人格内外向的生理基础,称之为抑制理论。艾森克提出外向者的大脑皮层抑制过程强,兴奋过程弱,他们的神经系统非常发达,对刺激有很强的忍受能力;而内向者的大脑皮层兴奋过程弱,抑制过程弱,他们对刺激的忍受能力有限。因此,外向者渴求刺激,喜欢通过接触外界、参加聚会或冒险活动和交友等方式寻求感觉刺激;内向者喜欢安静,避免刺激。艾森克又用唤醒的概念对内外向作进一步解释。唤醒是指个体身心随时准备反应的警觉状态。一般认为,唤醒状态与中枢神经系统中的上行网状激活系统(ARAS)有关。内向者的 ARAS 激活水平比外向者高,大脑皮质唤醒水平也天生比外向者高,需要从外界获取的刺激比外向者更少。

②**神经质**:神经质是指情绪化或情绪不稳定。艾森克把边缘系统或内脏脑看作神经质的生理基础。边缘系统活动会唤醒自主神经系统的交感神经分支,使得个体出现紧张活动反应,消化停止,瞳孔放大,呼吸和心跳频率增加等。艾森克认为高神经质的人边缘系统激活阈值较低,交感神经系统的反应性较强,会对微弱刺激作出过度反应。

③**精神质**:艾森克认为精神质与神经质在心理失调的程度上有着严格的差异。高度精神质的人更多地表现出精神病理学的特点,对他人感觉迟钝、冷漠、残忍,有强烈的嘲弄别人的欲望。艾森克没有明确精神质的生理基础,但通过人格问卷测量发现男性在精神质上的得分总是高于女性。

第二部分

7. 请简述大五人格理论。【西南大学2016；华东师范大学2015；华中师范大学2014；苏州大学2017】

【考点】人格心理学；特质流派。

【解析】美国心理学家麦克雷和科斯塔在对多个人格特质理论分析研究的基础上，发现在人格特质中存在着5种相对稳定的因素，后来许多研究者证实了"五种特质"的合理性，并构成了著名的"人格大五结构模型"。人格大五结构模型中的五个因素是：

(1)开放性(openness)：具有想象、情感丰富、求异、创造、审美和智能等特质。个体对经验本身的积极寻求和欣赏，喜欢接受并探索不熟悉的经验。

(2)责任心(conscientiousness)：具有胜任、公正、有条理、克制、谨慎、自律、成就、尽责等特质。个体在目标取向和行为上的组织性、持久性和动力性的程度，与个体的成就动机和组织计划相关。

(3)外倾性(extraversion)：具有为人热情、社交、果断、活跃、冒险和乐观等特质。个体对人际互动的数量和强度、活动水平、刺激等的需求和快乐的容量。

(4)宜人性(agreeableness)：具有利他、信任、依从、直率、谦虚、移情等特质。个体的思想、感情和行为在同情至敌对这一连续体上的人际取向的位置。

(5)神经质(neuroticism，又译为情绪稳定性)：具有焦虑、敌对、压抑、自我意识、冲动和脆弱等特质。个体在顺应与情绪不稳定方向的倾向，是关于是否容易有心理烦恼、不现实想法和过分奢望的程度指标。

8. 简述多拉德和米勒四个关键期。【湖南师范大学2015】

【考点】人格心理学；行为主义流派。

【解析】多拉德和米勒十分强调童年期的经历对形成成人人格的重要性。因此，他们认为要注意童年期的四个关键训练期：

(1)喂食情境。饥饿是婴儿最早体验到的强烈内驱力之一。儿童如何应对这些刺激及其反应结果，将成为他在成人期应对其他驱力的模板。

(2)大小便训练。对婴幼儿来说，学习控制大小便是一件比较复杂和困难的事情，因此许多父母都非常重视此项训练。

(3)早期的性教育。性驱力是天赋的，但是对性观念和性活动的恐惧和过分的羞耻感却是在童年期学会的。

(4)愤怒－焦虑冲突。随着儿童年龄的增长，他们希望按照自己的意见和愿望做事，但是由于和父母的规定与管教相违背，因而可能产生挫折感。

9. 场独立性和场依存性的含义及特征。【河北师范大学2012】

【考点】人格心理学；认知流派。

【解析】场依存和场独立由威特金等人提出，主要是指个体认知方式的差异。

场独立的人在信息加工中对内在参照有较大的依赖倾向，他们的心理分化水平较高，在加工信息时主要依据内在标准或内在参照,与人交往时也很少体察入微。场依存的人在加工信息时,对外在参照有较大的依赖倾向,他们的心理分化水平较低,处理问题往往依赖于"场",与别人交往时较能考虑对方的感受。

场独立与场依存没有优劣之分。场独立的人认知能力强,场依存的人社会技能高;场独立的人思维灵活,善于抓住问题的关键性成分,场依存的人难于应付没有遇到过的问题;场独立和场依存的个体在学习兴趣和职业兴趣上也有明显差异,理科学生偏向场独立,文科学生偏向场依存。

五、论述题

1. 精神分析理论中的代表人物有哪些(请至少说出 5 位)?请对这些代表人物所持有的理论观点加以必要阐述。【北京大学 2014】

【考点】人格心理学;精神分析流派。

【解析】精神分析的代表人物有弗洛伊德、荣格、阿德勒、霍妮、弗洛姆。

(1)弗洛伊德在理论早期提出"心理地形学",将心理结构解剖性地划分为意识、前意识和潜意识。

①潜意识又称无意识,是人格结构的深层部分,是指不曾在意识中出现的心理活动和曾是意识但已受到压抑的心理活动。潜意识对我们的一切行为都产生影响。

②前意识位于潜意识和意识之间,由那些虽不能即刻回想起来,但经过努力就可以进入意识领域的主观经验组成。前意识的内容有两个来源。第一个是有意识的知觉。一个人知觉到的观念只是暂时的,当注意焦点转移到另一个观念时,有意识的知觉很快就转为前意识。第二个是潜意识观念。潜意识观念能够以一种伪装的形式从机警的稽查者监督下溜进前意识层,例如经过梦、口误或精心的防御伪装后蒙混过关。

③意识,人格的表层,由人能随意想到的、清楚觉察到的主观经验组成。在精神分析中扮演次要角色。

弗洛伊德在心理地形说的基础上提出了本我、自我和超我的人格结构说。

①本我是原始的、与生俱来的、非组织性的结构,是建立人格的基础。本我完全由先天本能、原始欲望组成,力比多是其主要能量。本我有三个特征:非现实性、非逻辑性、非伦理性。本我遵循快乐原则。

②自我是人格结构中理智的、有组织的、现实取向的部分,是从本我中分化出来的。自我从本我中汲取能量,依附于本我,遵循现实原则。自我是人格的执行者,决定什么行为是合适的,哪些本我冲动是可以满足并且以何种方式满足的。

③超我是从自我中分化出来的,分为良知和自我理想,是儿童接受父母的是非观念和善恶标准的结果,遵循道德原则,功能是监督自我去限制本我的本能冲动。

弗洛伊德认为人类的行为受到本能的驱使,本能分为两种:生本能和死本能。生本能的核心是性本能,这里的性是广义的,包括几乎所有指向获得快乐的行为。弗洛伊德将性心理的发展分为五个阶段:口欲期、肛欲期、性器期、潜伏期、生殖期。

焦虑是精神分析的重要概念,也是理论核心。弗洛伊德认为自我是焦虑的根源,并区分了三种焦虑:现实性焦虑、神经症焦虑、道德性焦虑。弗洛伊德提出了自我防御机制的概念,认为它是为了对抗来自本能的冲动及其所诱发的焦虑,保护自身不受潜意识冲突困扰而形成的一些无意识的、自动的心理手段。

(2)荣格提出了集体潜意识的概念,认为心灵(人格)是由意识、个人潜意识和集体潜意识三个相互作用的系统组成。集体潜意识是荣格的核心概念。荣格认为集体潜意识是一个存储库,它存储的不是个体后天的经验,而是祖先(包括人类祖先和动物祖先)在漫长的生物演化过程中世代积累的经验。这些经验以原型的形式保持下来。原型是指人类对某些事件作出特定反应的先天遗传倾向,或潜在的可能性,即采取与自己祖先同样的方式来把握世界和作出反应。比较重要的原型包括:人格面具、阿尼玛和阿尼姆斯、阴影、自性。

荣格提出了自己的人格动力学说,认为人格结构本身就是一个动力系统,具有相对闭合的性质,其动力源泉是心理能量。心理能量在整个精神系统中的分配由守恒定律和熵定律决定。

另外,荣格认为在世界的联系中,人的精神有两种态度:一种指向个人内部的主观世界,称为内向;一种指向外部的环境,称为外向。除了两种态度还有四种心理功能:思维、情感、感觉、直觉。荣格把两种态度和四种功能结合起来,划分了八种人格类型。

(3)阿德勒反对弗洛伊德把性本能作为人格的动力,认为自卑感是人格发展的动力。阿德勒认为个人的自卑感起源于婴幼儿时期,婴幼儿完全依赖于成人才能生存,有了自卑感。自卑感是一种不完全或不完美的感觉,包括身体的、心理的和社会的障碍,不管是真实的障碍或是想象中的障碍。人们为了摆脱自卑感而努力追求优越。阿德勒认为追求优越是人的本性,先天遗传的。

在追求优越的过程中,人们克服自卑采用的方式和方法不同,阿德勒称其为生活风格。这是一种标志个体存在的独特方式,是作为一个统一整体的自我在社会生活中寻求表现的独特方式。阿德勒认为早期社会环境对生活风格的形成非常关键,错误的生活风格主要由三种原因导致:①器官缺陷;②溺爱或骄纵;③受忽视或遗弃。而了解生活风格可以通过三方面:①出生顺序;②早期记忆;③潜意识梦境的分析。

阿德勒另外提出了社会兴趣作为其人格动力理论的重要补充。阿德勒认为社会兴趣是人的一种先天需要,一种与他人友好相处、共同建设美好社会的需要。根据人们所具有的社会兴趣不同,阿德勒划分出了四种类型的人:①统治-支配型;②索取-依赖型;③回避型;④社会利益型。

(4)霍妮的研究是围绕着神经症的病理学展开的,提出了神经症的双重衡量标准:文化标准和心理标准。首先,霍妮认为一个人的心理行为正常与否,要视其文化背景,在某个文化背景下被看作正常的心理行为,在另一个文化背景下也许是反常的。即使相同文化背景,随着时代变迁,正常的心理行为模式也可能变成反常。其次,霍妮认为神经症共有的心理因素是焦虑和对抗焦虑而来的防御机制。霍妮从文化中探求人格发展和神经症的产生根源,把神经症看成是人际关系失调所引起的,这种失调往往首先存在于神经症病人童年时的家庭成员之间,特别是亲子关系之间。霍妮据此提出了基本罪恶和基本敌意的概念。

霍妮认为,为了减轻焦虑,会形成一些防御性策略,而这些策略是一些潜意识的驱动力量,即神经症需要。霍妮总结了10种神经症需要。另外,霍妮根据避免焦虑的不同方式确定了三种交往风格的神经症倾向患者。这三种倾向分别是接近人群、反对人群和脱离人群。

霍妮主张把人格看成完整动态的自我,自我具有独立性和整体性,包含了三种基本存在形态:真实自我;理想自我;现实自我。

(5)弗洛姆认为,气质和性格共同构成了人格。人格是人的先天和后天的全部心理特征。气质是体质的,不可变的;性格由人的体验,尤其是早期生活的体验构成,是可变的。弗洛姆主张把性格看作一种内驱力系统,是把人的能量引向同化和社会化的过程。这里的能量不是力比多,而是基于人的处境而产生的需要。性格是人适应社会的基础,其产生和发展是以适应社会为核心的。

弗洛姆提出了孤独感的概念,认为孤独感来源于社会历史发展中人的个性化过程。为了克服孤独感,人们可以采用的方法有很多,但从自由的角度看不外乎两种:逃避自由和崇尚积极自由。另外,弗洛姆通过分析克服孤独感的主要措施或性格取向,将人的性格分为非生产性取向和生产性取向。非生产性取向包括接受取向、剥削取向、囤积取向、市场取向。而人在社会化的过程中也形成了四种性格取向,包括受虐狂、施虐狂、破坏性和机械地自动适应四种,与非生产性取向的四种一一对应。

弗洛姆还把人的性格分为两个部分:个体性格,用以区分人与人之间的个体心理差异;社会性格,是一个社会中绝大多数成员所具有的基本性格结构。

2. 试述精神分析学派对神经症的解释。【华中师范大学 2014】

【考点】人格心理学;精神分析学派。

【解析】弗洛伊德根据来源的不同区分了三种焦虑:现实焦虑、神经质焦虑和道德焦虑,对应的根源分别是自我、本我和超我。

神经质焦虑:是某些具有威胁性的本我冲动突然进入到人的意识层面而产生的反应,其危险在于自我可能会失去对不被接受的本我愿望的控制。神经质焦虑往往由现实焦虑发展而来。例如,小孩打架以释放攻击的本能,但这会受到父母的训诫甚至惩罚,这时他所体验到的是现实焦虑。后来随着个体的成长,自我只要一觉察到来自本我的攻击性冲动,就会产生担心、不安等情绪,这样就演变成了神经质焦虑。

霍妮认为,人生最根本的奋斗是对安全感的追求。当人处于焦虑情境中,对安全感的需要就特别强烈,因此她提出了"基本焦虑",那是一种独自面对严重问题且完全无助的感受。感到无助是儿童遇到的基本问题,因为儿童还未发展出一套应付环境和满足自己的有效方法。

霍妮把父母的一些不恰当行为，统称为基本"罪恶"，包括专制、过度保护、过度溺爱、羞辱嘲弄、残暴无情、完美主义、反复无常、偏心、忽视、冷漠、不守信用和不公正等等。

父母如果经常表现这些行为，就会使孩子产生"基本敌意"。可是由于孩子弱小无助，为了生存，他必须压抑对父母的这种敌意，于是儿童就会陷入既依赖父母又敌视父母，还必须压抑对父母的这种敌视的艰难处境。

饱尝基本敌意和基本焦虑折磨的个体不可避免地会把敌意泛化。他们觉得世界上的一切事物和其他人都是一种潜藏的威胁，自己仿佛是独自一人身处战争之中，于是他们不再根据自己的真实情感与人交往，不再用简单的喜欢或不喜欢、信任或不信任来表达自己，而是用各种自认为安全的方式努力把对自身的伤害减到最小。于是，健康人格的自我实现的要求就被强烈的安全感需求所取代。

3. 结合社会现象，谈谈人本主义心理学在社会中的应用。【苏州大学 2016】

扫一扫，看视频

【考点】人格心理学；人本主义。

【解析】结合人本主义心理学的理论观点，言之有理即可。如：

（1）教育方面：以学生为中心的教学观，帮助学生自我实现，建立民主平等的师生关系，创造最佳的教学心理氛围。

（2）管理方面：尊重员工，帮助员工自我实现，由此提高员工的忠诚度和企业绩效。

（3）心理咨询治疗方面：对人的本性持积极乐观的看法，把人当人看，提倡调动人的主动性和创造性。不像行为主义那样把人当动物看，也不像精神分析那样把人都当成精神病人。

4. 按照班杜拉的观点，自我效能是怎样产生的？你如何看待自我效能在个人职业生涯发展中的作用？【北京大学 2014】

扫一扫，看视频

【考点】人格心理学；行为主义流派；班杜拉社会学习论。

【解析】（1）自我效能感是人们对自己是**否能够成功地从事某一成就行为的**主观判断。班杜拉认为自我效能感的高低直接决定了个体进行某种活动的动机水平，而自我效能感本身则是建立在四种信息来源的基础上的：

①直接经验，即个体自己成功和失败的经验。

②替代性经验，即个体通过观察他人的行为而获得的信息。

③言语说服，即他人的劝说、激励等。

④情绪唤起，积极稳定的情绪和生理唤醒会提高自我效能感，负性情绪会降低自我效能感。

自我效能感作为个人对自我能力的信任，具有明显的行为效应。拥有多种技能并不等于在各种环境都能很好地应用它们。正是因为这样，拥有类似技能的人，或同一个人在不同的环境中，会有不同的行为表现。其中的原因就在于每个人的自我效能感是不同的，同一个人在不同情境下的自我效能感也是不同的。自我效能感作为一种重要的行为导向因素，对行为的影响，在一定程度上独立于支持行为的各种技能。自我效能能够使我们树立更有挑战性的目标，在困难面前更加坚持。大量研究显示，自我效能感能够预测工人的生产率。

（2）自我效能感能够从多个方面影响个人职业生涯的发展。

①**影响职业选择**。个体会愿意选择有更多自我效能感的职业领域。

②**影响职业表现**。在个体有更高自我效能感的领域,个体会表现出更高的水平,从而获得更高的自我效能感;而在拥有较低自我效能感的领域,个体的表现会低于正常水平,从而收到更多的负面反馈。

③**影响努力和坚持**。对于自我效能感高的领域,个体更愿意付出努力,在遇到困难和挫折时,更愿意顽强地坚持;而在自我效能感低的领域,个体更易于放弃。

④**影响情绪**。对于自我效能感高的人,在职业低潮期依然能保持乐观向上,保持良好的心态;而对于自我效能感低的人,在职业低潮期易于悲观沮丧,看不到希望。

5. 卡特尔的人格特质理论及其意义。【浙江师范大学 2012】

【考点】人格心理学;特质流派。

【解析】卡特尔用因素分析的方法对人格特质进行了分析,提出了人格特质的结构网络模型。模型分为四层,分别如下:

（1）表面特质和根源特质。

表面特质指从外部行为能直接观察到的特质。从表面上看,它们好像是一些相似的特质或行为,实际上出于不同的原因。根源特质是指那些互相联系并以相同原因为基础的行为特质。卡特尔用因素分析法提出了 16 种互相独立的根源特质。卡特尔认为每个人身上都具备这 16 种特质,只是在不同人身上的表现有程度上的差异。

（2）体质特质和环境特质。

根源特质又分为两种:体质特质和环境特质。体质特质由先天的生物因素所决定,如兴奋性、情绪稳定性等。而环境特质则由后天的环境因素所决定,如焦虑、有恒性等。

（3）动力特质、能力特质和气质特质。

模型最下层是动力特质、能力特质和气质特质。他们同时受到遗传和环境的影响。动力特质是具有动力特征的特质,它使人趋向某一目标,包括生理驱力、态度和情操。能力特质是表现在知觉和运动方面的差异特质,包括流体智力和晶体智力。气质特质是决定个人情绪反应的速度和强度的特质。

与大多数理论家一样,卡特尔也主张遗传和环境均为人格的决定因素,同时他还探讨了人格特质形成的年龄趋势。

卡特尔的人格理论是一种建立在严谨的科学测验和复杂的数学程序上的特质理论。卡特尔的方法论是卡特尔对于人格理论的重要贡献,他主张心理学家不应预设人格特质构成,应该以客观的观察和精确的测量为基础。此外,卡特尔对研究策略和分析方法有独到的见解。他认为所有行为都是多个因素共同作用的结果,主张使用多变量方法,通过实验程序和统计分析技术同时研究多个变量之间的相互关系,从而萃取变量间有意义的联系及变量之间复杂的交互作用。但是,卡特尔的人格理论的兴衰取决于因素分析法的优劣,因素分析的方法具有严谨、客观和定量化的优点,但是也存在不少局限性。当用于因素分析的数据材料不同时,其抽取出的特质也不同。

第三章　　人格测量

（见第九部分《心理测量》的相应内容）

第二部分

发展心理学

| 第一章 | 绪　论 |

一、单项选择题

1. 科学儿童心理学的奠基人是(　　　)【江西师范大学 2014】

A. 普莱尔　　　　　　B. 霍尔　　　　　　C. 埃里克森　　　　　　D. 荣格

【答案】A

【考点】发展心理学；发展心理学概论。

【解析】科学的儿童心理学产生于 19 世纪后半期。德国生理学家和实验心理学家普莱尔是儿童心理学的创始人。他对自己的孩子从出生到 3 岁每天进行系统观察，有时也进行一些实验性的观察，最后把这些观察记录整理成一部有名的著作《儿童心理》，于 1882 年出版。这本书被公认为第一部科学的、系统的儿童心理学著作。

二、简答题

1. 儿童心理学发展到发展心理学的演变趋势。【苏州大学 2016】

【考点】发展心理学；发展心理学的历史。

【解析】科学儿童心理学诞生于 19 世纪后半期。德国生理学家和实验心理学家普莱尔是儿童心理学的创始人。诞生的标志是 1882 年出版的《儿童心理》。西方儿童心理学的产生、形成、演变和发展，大致可分为四个阶段：一、准备时期：19 世纪后期之前；二、形成时期：从 1882 年至第一次世界大战；三、分化和发展时期：两次世界大战之间；四、演变和增新时期；第二次世界大战之后。

从儿童心理学到发展心理学有一个演变过程。①霍尔将儿童心理学研究的年龄范围扩大到青春期；②精神分析学派对个体一生全程的发展率先做了研究；③发展心理学的问世及其研究。一般认为发展心理学诞生的标志为：1957 年，美国《心理学年鉴》用"发展心理学"做章名，代替了惯用的"儿童心理学"。

第二章　发展心理学的研究方法

一、单项选择题

1. 双生子爬梯研究说明了(　　)在发展中的重要性。【西南大学 2014】

A.遗传　　　　　　　B.环境　　　　　　　C.成熟　　　　　　　D.同伴

【答案】C

【考点】发展心理学;发展心理学的研究方法。

【解析】美国心理学家格塞尔曾经做过一个著名的实验:让一对同卵双胞胎练习爬楼梯。其中一个(代号为 T)在出生后的第 46 周开始练习,每天练习 10 分钟。另外一个(代号为 C)在出生后的第 53 周开始接受同样的训练。两个孩子都练习到他们满 54 周的时候,T 练了 8 周,C 只练了 2 周。实验结果是:C 和 T 爬楼梯的能力差不多。说明了成熟在发展中的重要性。

二、多项选择题

1. 以下关于纵向研究设计,表述正确的是(　　)【江西师范大学 2011】

A.可以对心理发展进行连续性、系统性的研究

B.对同一被试群体需要进行多次的、反复的观察或研究

C.样本容易丢失

D.研究效率高,比较经济实用

【答案】ABC

【考点】发展心理学;发展心理学的研究方法。

【解析】纵向研究设计是在较长时间内对心理发展进行有系统的定期研究,又名追踪研究。需要对同一被试群体进行多次的反复的观察或研究。优点是能够系统地、详细地了解心理发展的连续性和量变质变的规律。缺点是样本随研究时间的延续容易减少;反复测量影响数据的可靠性;时间较长导致影响心理发展的变量增多;时间较长,效率较低。

2. 适用于研究儿童心理发展稳定性的实验设计有(　　)【西南大学 2014】

A.横向研究　　　B.跨文化研究　　　C.纵向研究　　　D.收养研究

E.序列研究

【答案】CE

【考点】发展心理学;发展心理学的研究方法。

【解析】发展心理学的研究方法有:①横断研究(又译为横向研究):在同一时间内对某一年龄或几个年龄被试的心理发展水平进行测查并加以比较。优点是可同时研究较大样本;可在

第三部分

较短时间内收集大量数据资料；成本低、费用少，省时省力。缺点是缺乏系统连续性；难以确定因果关系；取样程序较为复杂；另外还可能受到世代效应的影响。②纵向研究：在比较长的时间内，对人的心理发展进行系统的研究，也叫追踪研究。其优点是能系统、详尽地了解心理发展的连续性和量变质变规律。缺点是样本容易减少，反复测量会产生练习效应，时间较长会导致其他干扰变量增多。③聚合交叉研究：综合了横断研究与纵向研究。克服了两者的缺点，保持了两者的优点，但是操作复杂，又叫序列研究。跨文化研究运用来自许多不同社会的实地研究资料，检视人类行为的视野，并检视关于人类行为与文化的假设。

三、名词解释

1. 横断设计【首都师范大学 2012、2016；曲阜师范大学 2011】

【答案】横断研究（又译为横向研究）是指，在同一时间内对某一年龄或某几个年龄被试的心理发展水平进行测查并加以比较的研究范式。这种范式在实际工作中使用较多。

2. 纵向研究设计【江西师范大学 2014】

【答案】纵向研究设计是指，在比较长的时间内，对人的心理发展进行有系统的定期研究，也叫追踪研究，最早起源于普莱尔对他儿子三年观察的心理发展报告。纵向研究设计能系统地、详尽地了解心理发展的连续性和量变质变规律，但是随着时间的延长，样本会减少，反复测量也会产生练习效应，导致其他变量增多。

四、简答题

1. 简介聚合交叉设计的优点。【北京大学 2016】

【考点】发展心理学；发展心理学的研究方法。

【解析】聚合交叉研究既包含了横断研究，又包含了纵向研究，也就是既在一个时间段内对几个年龄段的被试进行研究，又会在相当长一段时间的不同时间点对被试进行追踪研究，因此它同时结合了横断研究和纵向研究的优点：

（1）可以同时研究较大的样本，被试更具代表性。

（2）可以在短时间内取得大量的资料。

（3）可以使研究工作降低成本，节省时间和人力。

（4）在较短时间内找出同一年龄或不同年龄心理发展的不同水平或特点。

（5）由于研究时间短，可以较少地受到社会变迁的影响。

（6）可以分离出世代效应。

| 第三章 | 发展心理学的主要理论 |

一、单项选择题

1. 依据埃里克森心理社会发展八阶段理论,青年期要解决的危机是(　　)【江西师范大学 2011】

　　A. 繁殖对停滞　　　　　　　　　B. 同一性对角色混乱

　　C. 信任对不信任　　　　　　　　D. 亲密对孤独

【答案】 B

【考点】 发展心理学;精神分析理论的心理发展观。

【解析】 埃里克森认为人格的发展是一个渐进的过程,个体在一生中要经过八个有固定顺序的阶段。每个阶段都有一个发展任务以及需要解决的危机。青年期要解决的危机是同一性对角色混乱;繁殖对停滞是成年中期的危机;信任对不信任是婴儿期要解决的危机;亲密对孤独是成年早期要解决的危机。

2. 自我同一性是(　　)提出的。【西南大学 2014】

　　A. 弗洛伊德　　　　B. 埃里克森　　　　C. 皮亚杰　　　　D. 班杜拉

【答案】 B

【考点】 发展心理学;精神分析理论的心理发展观。

【解析】 埃里克森将青少年期定义为一个人形成同一性的关键期,并且认为青少年会经历同一性对角色混乱这一心理冲突。自我同一性是指个体在特定环境中的自我整合与适应之感,是个体寻求内在一致性和连续性的能力,是对"我是谁""我将来的发展方向"以及"我如何适应社会"等问题的主观感受和意识。为了获得自我同一性,青少年必须在某种程度上整合自我知觉的许多不同方面,使其成为一致的自我感。

3. 以下哪一位心理学家提出青少年期的发展任务是建立自我同一性,防止同一性混乱?(　　)【江西师范大学 2011】

　　A. 弗洛伊德　　　B. 埃里克森　　　　C. 班杜拉　　　　D. 荣格

【答案】 B

【考点】 发展心理学;精神分析理论的心理发展观。

【解析】 埃里克森提出青少年期的发展任务是建立自我同一性,防止同一性混乱。

4. 个体在人生的哪个时期经历了勤奋对自卑的危机,发展出勤奋感(　　)【江西师范大学 2014】

　　A. 0 ~2 岁　　　　B. 2 ~4 岁　　　　C. 4 ~7 岁　　　　D.7 ~12 岁

【答案】D

【考点】发展心理学;埃里克森的发展理论。

【解析】0~2岁经历基本信任对怀疑的危机,体验着希望的实现;2~4岁经历自主对羞怯的危机,体验着意志的实现;4~7岁经历主动对内疚的危机,体验目的地实现;7~12岁经历勤奋对自卑的危机,体现着能力的实现。

5. 华生提出个体发展的决定性条件是( )【江西师范大学2014】

A. 先天遗传　　　　　B. 后天环境　　　　　C. 个体的主动性　　　　　D. 生物性因素

【答案】B

【考点】发展心理学;行为主义的心理发展观。

【解析】华生提出了环境决定儿童发展的观点。他认为后天环境是第一性的,否定遗传生物因素在儿童发展中的决定性作用。

6. 皮亚杰认为个体发展的动力来自于( )【江西师范大学2014】

A. 遗传物质　　　　　B. 力比多　　　　　C. 动作　　　　　D. 外部环境

【答案】C

【考点】发展心理学;皮亚杰心理发展理论。

【解析】皮亚杰认为婴儿仅靠感觉和知觉动作的手段来适应外部环境,实现个体发展,即主体通过动作对客体的适应,乃是心理发展的真正原因。弗洛伊德认为个体发展的动力来自于力比多。

7. 在( )阶段,儿童能都利用表征来思考客体和事件。【西南大学2014】

A. 感知运动　　　　　B. 前运算　　　　　C. 具体运算　　　　　D. 形式运算

【答案】B

【考点】发展心理学;皮亚杰心理发展理论。

【解析】皮亚杰将儿童心理发展分为四个阶段:感知运动阶段(0~2岁)、前运算阶段(2~7岁)、具体运算阶段(7~12岁)和形式运算阶段(12~15岁)。感知运动阶段,这是语言和表象产生前的阶段,这个阶段的主要特点是儿童依靠感知动作适应外部世界,构筑动作格式,开始认识客体永久性。前运算阶段,这个时期儿童思维的主要特征是思维直接受知觉到的事物的显著特征所左右。"运算"一词是皮亚杰理论中的一个特定概念,是指一种内化了的动作,即能在头脑中进行的思维活动。在具体运算阶段儿童获得了守恒性。但是,该阶段儿童进行的运算还不能脱离具体事物的运算。形式运算阶段又称命题运算阶段。它的最大特点是儿童的思维已摆脱具体事物的束缚,把内容与形式区分开来,能根据种种可能的假设进行推理。

二、名词解释

1. 发展关键期【华东师范大学2015、2016】

【答案】指的是某一特定经验必须在个体发展的特定时间获得,某种反应必须在这个特定时间发生,否则发展就会产生持久性问题,这种反应就很难获得。

2.最近发展区【北京师范大学 2011;南开大学 2011;苏州大学 2016】

【答案】维果茨基认为,至少要确定两种发展水平。第一种是现有的发展水平,即儿童当前所达到的智力发展状况;第二种是在有指导的情况下借别人的帮助达到的解决问题的水平,也就是通过教学所获得的潜力。这两种水平之间存在着差异,这个差异地带就是"最近发展区"。

3.客体永久性【华中师范大学 2014】

【答案】这是皮亚杰研究儿童心理发展时使用的一个概念。儿童脱离了对物体的感知而仍然相信该物体持续存在,这种意识就是客体永久性。

三、简答题

1.简述埃里克森人格发展的八阶段。【华南师范大学 2016;湖南师范大学 2014、2015;东北师范大学 2013;上海师范大学 2014;浙江师范大学 2011】

【考点】发展心理学;精神分析理论的心理发展观。

【解析】埃里克森认为人格的发展是一个渐进的过程,个体在一生中要经过八个有固定顺序的阶段。每个阶段都有一个发展任务,这些任务是由个体的生物成熟和社会文化的要求之间的冲突产生。如果儿童解决了冲突,完成了任务,就会获得积极的品质,转而进入下一个阶段。如果儿童完成得不好,就会形成消极的品质。每个儿童完成任务的程度各不相同,一般都介于积极和消极的两个端点之间的某一点上,健康人格倾向于积极的那一端。上一个任务的完成有助于下一个阶段的顺利通过。儿童若一个阶段的任务完成不好,仍有机会在以后的阶段中完成,并不一定导致病理性后果。同时,埃里克森也指出,即使一个阶段的任务完成了也并不等于这个矛盾不复存在了,在以后的发展阶段里仍然有可能产生已解决的矛盾。

这八个阶段分别是:

婴儿期(0~1岁):信任对怀疑,满足生理需要,发展信任感,体验希望的实现。

儿童早期(1~3岁):自主对羞怯,获得自主感,克服羞怯和疑虑,体验意志的实现。

学前期或游戏期(3~6岁):主动对内疚,获得主动感,克服内疚感,体验目的的实现。

学龄期(6~12岁):勤奋对自卑,获得勤奋感,克服自卑感,体验能力的实现。

青年期(12~18岁):同一性对角色混乱,建立同一感,防止角色混乱,体验忠诚的实现,这一阶段若未处理好危机,会出现"合法延缓期"。

成年早期(18~25岁):亲密对孤独,获得亲密感,避免孤独感,体验爱情的实现。

成年中期(25~50岁):繁殖对停滞,获得繁殖感,避免停滞感,体验关怀的实现。

成年晚期(50岁以上):完善对绝望,获得完善感,避免失望和厌倦感,体验智慧的实现。

【备注】对于各个阶段的年龄,不同的书上写得略有差异。

2.简述皮亚杰的儿童认知发展阶段理论。【首都师范大学 2012;云南师范大学 2015】

【考点】发展心理学;皮亚杰心理发展理论。

【解析】皮亚杰以主体适应环境的主导方式,即认知结构的性质为依据把儿童心理发展划分为四个阶段:

(1)感知运动阶段(0~2岁),这个时期的儿童主要凭感知运动手段反映外界刺激,协调并适应外界环境,其智力活动处于感知运动水平。这个阶段的儿童形成了客体永久性,对自我和他人的概念有了初步的了解。

(2)前运算阶段(2~7岁),这个时期开始,儿童具有表象思维,有运用符号的能力。其智力活动处于表象水平,思维不可逆,自我中心,还未掌握守恒概念,泛灵论。

(3)具体运算思维阶段(7~12岁),这个时期儿童的认知能力能够摆脱知觉的局限,获得概念的稳定性,认识到守恒概念,对具体问题可以进行逻辑运算,思维具有可逆性。其智力活动处于获得概念稳定性,进入逻辑思维的阶段。守恒是儿童思维成熟的最大特征。

(4)形式运算阶段(12~15岁),这个时期儿童的思维形式能够从具体内容中解放出来,能够提出假设,凭借演绎推理、归纳推理解决抽象问题。其智力活动达到抽象逻辑思维阶段。

3. 简述布朗芬布伦纳的生态系统理论。【云南师范大学2011】

【考点】发展心理学;生态系统理论。

【解析】生态系统理论由布朗芬布伦纳提出,强调发展的个体嵌套于一系列相互影响的环境之中。在这些系统中,个体与系统相互作用并相互影响。

(1)微观系统:指个体活动与交往的直接环境。这个环境是不断变化发展的,例如家庭、学校。

(2)中间系统(中观系统、中介系统):指各微观系统之间的联系或相互关系。如果微观系统之间有较强的积极联系,发展可能实现最优化。

(3)外层系统:指个体并未直接参与,却对他们的发展产生影响的系统,例如父母的工作环境。

(4)宏观系统:个体所处的大的或者亚文化的环境,包括文化价值观、法律、习俗等。

(5)时间系统:是模型中的时间维度,强调生态环境中的任何变化都会影响个体的发展。

4. 试评述毕生发展观的主要观点。【西南大学2014】

【考点】发展心理学;毕生发展观。

【解析】毕生发展观是20世纪70年代以来欧美国家出现的发展心理学的观点,与传统的心理观相反,以德国的巴尔特斯为代表人物。他们认为:

扫一扫,看视频

①个体发展是贯穿一生的,发展中的心理和行为变化可以在人生中任何一个时候发生。

②发展的形式具有多样性,发展的方向因心理和行为的种类不同而不同。

③任何一种心理和行为的发展过程都是复杂的,发展不是简单地表现为增长,而总是由获得(增长)与丧失(衰退)两部分构成。

④心理发展具有很大的个体可塑性或个别差异,由于个人生活条件和经验的变化,发展的形式可以是多样的。

⑤**心理发展是由多重影响系统共同决定的**,任何一个发展过程都是由年龄阶段、历史阶段、非规范事件三种影响系统相互作用的结果。

评价:根据巴尔特斯的毕生发展观,生命全程都存在发展,发展总是由获得和丧失组成。老年人也存在发展,存在获得与丧失,这种观点**纠正了老年人只是一味退化的错误认识**。但其**对老年人一般的发展变化(包括退化)的重视有所欠缺**。我们要科学地、正确地看待成年晚期的心理变化与发展,即老年期是一个在退行性总趋势下仍保持诸多优势的时期,是衰退性与获得性并行发展的时期。

四、论述题

1.论述发展心理学中关于心理发展的几个基本理论问题。【苏州大学2016】

【考点】发展心理学;发展心理学的基本理论问题。

【解析】(1)遗传与环境之争:心理发展到底是由遗传决定的,还是由环境决定的?

(2)心理发展的内因与外因问题:人是主动的发展,还是被动的发展?

(3)心理发展的连续性与阶段性:心理发展到底是连续的,还是阶段的?

(4)发展的终点是开放的,还是有最终目标的?

2.什么是"遗传与环境之争"?【南京师范大学2014】

【考点】发展心理学;发展心理学的基本理论问题。

【解析】(1)从科学心理学创建以来,关于遗传与环境的争论就开始了,直到现在仍未休止,其争论大体经历了三个时期。第一个时期——绝对的二分法,心理学家们对遗传、环境所持的观点是非此即彼的绝对的二分法。第二个时期——二者缺一不可,开始注意到遗传、环境都是人类心理发展必不可少的条件,关注的重心转移到分析各自在发展中的作用,各起多少作用。第三个时期——相辅相成,相互制约,探究的重心又转移到"如何起作用",分析二者复杂的相互制约关系。

(2)绝对决定论,争论的双方对遗传、环境所持的观点是完全对立的,要么认为心理发展完全是由遗传决定的(遗传决定论),要么认为完全是由环境决定的(环境决定论)。遗传决定论极度强调遗传在心理发展中的作用,认为个体的发展及其个性品质早在遗传的基因中就决定了,只是这些内在因素的自然展开,环境与教育仅仅起一个引发的作用。优生学的创始人英国的高尔顿是遗传决定论的鼻祖。环境决定论者则认为儿童心理的发展完全是受环境影响的,遗传在这儿没有它的立足之地,由此片面地强调和机械地对待环境教育的作用。其典型代表是行为主义的创始人——华生。华生认为行为主义的目的在于客观明了,通过已知刺激就能预言反应;反过来,通过已知反应亦能推断先行的刺激,完全无视有机体本身的内在条件。所以他的行为主义就是典型的S－R说。

(3)二元论,随着研究的深入,极端的遗传决定论和极端的环境决定论逐渐失去其影响力,许多事实证明,儿童心理的发展不可能没有遗传的作用,也不可能没有环境的作用,于是,进入了二元论时期。这是一种折中主义的发展观,二元论的代表人物是德国心理学家斯特恩和美国心理学家格塞尔。

(4)相互作用论,相互作用论的观点是现在心理学家们普遍承认的观点。它摒弃了绝对决定论的极端、片面,改变了二元论的孤立、机械,以一种辩证的观点来看待遗传与环境的辩证关系。其代表人物有皮亚杰。认为遗传与环境是相互依存、相互制约、缺一不可的,即一种因素作用的大小、性质都依赖于另一种因素,它们之间不是简单的相加或调和。

3. 试述皮亚杰的心理发展阶段论。【湖南师范大学 2016;上海师范大学 2015;东北师范大学 2011、2013】

【考点】发展心理学;皮亚杰心理发展理论。

【解析】皮亚杰的发展观突出地表现在他的阶段理论的要点上。

(1)心理发展过程是一个内在结构连续的组织和再组织的过程,过程的进行是连续的,但由于各种发展因素的相互作用,儿童心理发展具有阶段性。

(2)各阶段都有它独特的结构,标志着一定阶段的年龄特征。由于各种因素,如环境、教育、文化以及主体的动机等的差异,阶段可以提前或推迟,但阶段的先后次序不变。

(3)阶段的出现,从低到高是有一定次序的,且有一定交叉。

(4)每个阶段都是形成下一个阶段的必要条件,前一阶段的结构是构成后一阶段的结构的基础,但前后两阶段相比,有着质的差异。

(5)在心理发展中,两个阶段不是截然划分的,而是有一定的交叉。

(6)心理发展的一个新水平是许多因素的新融合、新结构,各种发展因素由没有系统的联系逐步组成整体。

这种整体结构,皮亚杰认为,在环境和教育的影响下,人的动作图式经过不断的同化、顺应、平衡的过程,就形成了本质不同的心理结构,这也就形成了心理发展的不同阶段。他把儿童心理或思维发展分成四个阶段:

(1)感知运动阶段(0~2岁)。

运用感觉和动作探索获取对环境的基本理解。出生时仅有对环境的先天条件反射,末了则出现复杂感知动作协调能力。获得对"自我"和"他人"的初步理解,建立客体永久性,并开始把图式内化为心理图式。特点:客体永久性。

(2)前运算思维阶段(2~7岁)。

利用符号系统理解环境,按事物的外在表现来反映。思维靠直觉,且是自我中心的,认为别人理解事物和自己一样。通过活动增强想象力,逐渐认识到别人对事物的反应不总是与自己相同。特点:象征思维,自我中心性。

(3)具体运算思维阶段(7~12岁)。

能借助对具体事物的操作和观察做出一定程度的推理。获得并运用一些逻辑思维,可进行认知运算。不再被事物表面所蒙蔽。通过认知运算理解客体的基本属性和联系,学会通过观察揣测别人。特点：守恒性、可逆性、具体性依赖。

（4）形式运算阶段（12~15岁）。

不借助具体事物就能进行符号的推理假设。思维系统重组，抽象和逻辑思维成为主要形式，开始具有一定元认知能力。得到抽象逻辑思维的能力。喜欢假设和判断，比较理想主义。能够正确独立解决问题。特点：逻辑抽象能力。

4. 论述维果茨基提出的最近发展区的思想和意义。【苏州大学2014】

扫一扫，看视频

【考点】发展心理学；维果茨基的文化-历史发展观。

【解析】在教学与发展的关系上，维果茨基提出了三个重要的问题：一个是"最近发展区"思想；一个是教学应当走在发展的前面；一个是关于学习的最佳期限问题。而后两个问题都是在"最近发展区"的基础上提出的。

他认为，至少要确定两种发展的水平。第一种是现有发展水平，即儿童当前所达到的智力发展状况；第二种是在有指导的情况下借别人的帮助达到的解决问题的水平，也是通过教学所获得的潜力。在这两种水平之间存在着差异，这个差异地带就是"最近发展区"。教学创造着"最近发展区"，第一发展水平和第二发展水平之间的动力是由教学决定的。

因此，维果茨基提出"教学应当走在发展的前面"。最近发展区对智力发展和成功的进程，比现有水平有更直接的意义。他强调教学不应该指望于儿童的昨天，而应指望于他的明天。只有走在发展前面的教学，才是好的教学。因为它使儿童的潜在发展水平不断提高。

依据最近发展区的思想，最近发展区是教学发展的最佳期限，即发展教学最佳期限，在最佳期限内进行的教学是促进儿童发展最佳的教学。教学应根据最近发展区设定。教学过程只有建立在那些尚未成熟的心理机能上，才能产生潜在水平和现有水平之间的矛盾，而这种矛盾又可引起儿童心理机能间的矛盾，从而推动了儿童的发展。

一个班的教学应面向大多数学生，使教学的深度为大多数学生经过努力后所能接受。这就得从大多数学生的实际出发，考虑他们整体的现有水平和潜在水平，正确处理教学中的难与易、快与慢、多与少的关系，使教学内容和进度符合学生整体的最近发展区水平。

第三部分

第四章　生理发展

一、单项选择题

1. 以下关于婴儿的动作,哪项动作最早发展?（　　）【江西师范大学 2011】

A.头转动　　　　　　B.翻身一半　　　　　C.抬头　　　　　　D.蠕动打转

【答案】C

【考点】发展心理学;婴儿动作发展。

【解析】婴儿动作发展的一般规律为:从上至下。儿童最早发展的动作是头部动作,其次是躯干动作,最后是脚的动作。婴儿最先学会抬头和转头,然后是俯撑、翻身、坐、爬、站立和行走。

2. 婴儿动作发展的规律以下表述不正确的是(　　)【江西师范大学 2014】

A.由上到下　　　　B.由近到远　　　　　C.由边缘到中心　　　D.由粗大到精细

【答案】C

【考点】发展心理学;婴儿动作发展。

【解析】婴儿动作发展遵循的原则和顺序:(1)头尾原则:从上(头)到下(脚)发展;(2)近远原则:由内向外发展,由中心(躯干)到边缘(四肢)发展;(3)大小原则:从粗大动作向精细动作发展。

第五章　认知发展

一、单项选择题

1. 在皮亚杰看来,个体的思维发展处于哪个阶段时,个体不能良好的解决守恒任务属于(　　)【江西师范大学 2011】

　　A. 感知运动阶段　　　　　　　　　B. 前运算阶段

　　C. 具体运算阶段　　　　　　　　　D. 形式运算阶段

【答案】B

【考点】发展心理学;认知的发展。

【解析】前运算阶段的儿童借助于表象进行思维,还不能进行运算思维。思维不可逆,不能解决守恒问题。在前运算阶段之后,7 岁到 12 岁,此时儿童从表象性思维中解脱出来,认知结构中已经具有了抽象概念,因而能够进行逻辑推理,但运算仍离不开具体事物的支持,其认知活动具有了守恒性和可逆性。

2. 个体的哪个年龄段主要以形象思维为主?(　　)【江西师范大学 2014】

　　A. 1～3 岁　　　　　B. 3～6 岁　　　　　C. 6～12 岁　　　　　D. 12～15 岁

【答案】B

【考点】发展心理学;认知的发展。

【解析】3 岁以前,处于感知动作思维阶段。这种思维方式的主要特点是:思维伴随着动作或行动进行。3～6 岁(学前期),处于具体形象思维阶段。它的主要特点是思维的具体形象性,即儿童的思维主要是凭借事物的具体形象或表象,凭借具体形象的联想进行的。6～12 岁(学龄期),处于从具体形象思维为主要形式向抽象逻辑思维为主要形式过渡的阶段。它的主要特点是形象或表象逐步让位于概念,少年儿童逐步学会正确地掌握概念,并运用概念做出恰当的判断,进行合乎逻辑的推理活动。12～15 岁(青年初期、少年期),形式思维趋于成熟,抽象逻辑思维开始占主导地位。它的主要特点是从经验型的抽象逻辑思维逐步向理论型的抽象逻辑思维转化。

3. 小学生思维发展的特点是(　　)【江西师范大学 2011】

　　A. 抽象逻辑思维逐渐发展为辩证逻辑思维

　　B. 思维具有自我中心性的特点

　　C. 具体形象思维逐渐过渡为抽象逻辑思维

　　D. 思维主要与感知运动经验有关

【答案】C

【考点】发展心理学；童年期儿童认知的发展。

【解析】童年期儿童的思维发展的基本特点是以具体形象思维为主要形式逐步过渡到以抽象逻辑思维为主要形式。抽象逻辑思维逐渐发展为辩证逻辑思维是青少年思维发展的基本特点。思维具有自我中心性的特点和思维主要与感知运动经验有关是幼儿思维发展的特点。

4. 小学阶段，儿童抽象思维逐渐发展，但是其思维中具有(　　)【西南大学 2014】

A. 很少具体性　　　　B. 很大具体性　　　　C. 很高自觉性　　　　D. 无自觉性

【答案】B

【考点】发展心理学；认知发展。

【解析】小学儿童的思维逐步过渡到以抽象逻辑思维为主要形式，但仍带有很大的具体性。过渡存在一个明显的关键年龄：一般认为是四年级。从具体形象思维发展到抽象逻辑思维存在着不平衡性。

5. 以下哪种能力的发展随着年龄的增长最不容易消退？(　　)【江西师范大学 2011】

A. 注意

C. 解决社会性问题的能力

B. 记忆

D. 加工信息的速度

【答案】C

【考点】发展心理学；认知发展。

【解析】卡特尔将智力分为流体智力和晶体智力。流体智力是指在信息加工和问题解决过程中所表现出来的能力，如认知、类比、归纳、演绎等。一般人 20 岁以后，流体智力到达顶峰，30 岁后开始下降。晶体智力是指一个人所获得的知识以及获得知识的能力，它决定于后天学习和社会文化，晶体能力在一生中一直发展，25 岁后发展较平缓。解决社会性问题的能力属于晶体智力，比较不容易消退。

6. 第一逆反期反抗的对象主要是(　　)【西南大学 2014】

A. 父母　　　　　　B. 伙伴　　　　　　C. 老师　　　　　　D. 兄妹

【答案】A

【考点】发展心理学；认知发展；自我意识的发展。

【解析】自我意识的发展有两次飞跃，同时也是两次逆反期。一次是在 2 岁左右，第二次是在青春期。2 岁左右身体快速发育，自我意识也开始发展，以用代词"我"来标志自己为重要特点，行为上出现反抗，要求行为自主，反对父母对自己行为上的控制。青春期由于身体的快速发育，使得自我意识高涨，要求独立自主，侧重精神和行为上对父母的反抗，要求人格独立和地位平等，产生独特自我和假想观众的现象。

7. 下列关于初中生思维发展特点的描述，不正确的是(　　)【江西师范大学 2014】

A. 平衡性表现明显　　　　　　　　　　B. 批判性显著增强

C. 自我中心再度出现　　　　　　　　　D. 表面性依然突出

【答案】A

【考点】发展心理学;认知发展;青春期的认知发展。

【解析】青少年思维发展存在矛盾性,表现在:创造性和批判性明显增强,片面性和表面性依然突出,自我中心性再度出现。

8. 高中生思维发展的主要特点是( )【江西师范大学 2014】

A. 具体形象思维向抽象逻辑思维过渡

B. 思维不具有反省性

C. 经验型抽象逻辑思维向理论型抽象逻辑思维过渡

D. 感知运动思维发挥重要作用

【答案】C

【考点】发展心理学;认知发展;青春期的认知发展。

【解析】3 岁以前,处于感知动作思维阶段。这种思维方式的主要特点是:思维伴随着动作或行动进行。6、7 岁到 14、15 岁左右(学龄初期和少年期),处于从具体形象思维为主要形式向抽象逻辑思维为主要形式过渡的阶段。它的主要特点是:形象或表象逐步让位于概念,少年儿童逐步学会正确地掌握概念,并运用概念组成恰当的判断,进行合乎逻辑的推理活动。14、15 岁到 17、18 岁左右(青年初期),处于抽象逻辑思维占主导地位的阶段。它的主要特点是,从经验型的抽象逻辑思维向理论型的抽象逻辑思维的转化初步完成,并由此而导向辩证逻辑思维的初步发展。

9. 成年晚期思维发展的特点,以下表述不正确是( )【江西师范大学 2014】

A. 思维自我中心化

B. 思维灵活性增强

C. 想象力减弱,变通性降低

D. 解决问题时深思熟虑,但又缺乏信心

【答案】B

【考点】发展心理学;认知发展;认知老化。

【解析】成年晚期主要的思维特征:思维自我中心化,表现为坚持主见,主观性强;在解决问题时深思熟虑,但又缺乏信心;思维的灵活性变差,想象力减弱;智力有所减退,但并非全部减退。

二、多项选择题

1. 自我意识发展的两次飞跃是在什么年龄( )【江西师范大学 2011】

A.1 岁左右　　　　　B.2 岁左右　　　　　C.12 岁左右　　　　　D.20 岁左右

【答案】BC

【考点】发展心理学;认知发展;自我意识的发展。

【解析】自我意识发展的两次飞跃,第一次是在 2 岁左右;第二次是在青春期。2 岁左右身体快速发育,自我意识也开始发展,以用代词"我"来标志自己为重要特点,行为上出现反抗,要求行为自主。青春期由于身体的快速发育,使得自我意识高涨,要求独立自主,侧重精神和行为上的反抗,要求人格独立和地位平等,产生独特自我和假想观众的现象。

三、名词解释

1. 去习惯化【华中师范大学 2015】

【答案】已经对某一刺激形成习惯化的婴儿,当呈现另一新的刺激物给他时,又会引起他新的注意,这一过程叫去习惯化。运用习惯化和去习惯化的方法,可以测量婴儿图形知觉、深度知觉、颜色知觉等感知能力,还能测试注意及记忆能力。

四、简答题

1. 简述视觉悬崖实验,并分析其自变量和因变量。【北京大学 2013】

【考点】发展心理学;认知发展;婴幼儿的认知发展。

【解析】视崖实验是沃克和吉布森进行的一项研究婴儿深度视觉的实验。视崖装置的组成:一张 1.2 米高的桌子,顶部是一块透明的厚玻璃。桌子的一半(浅滩)是用红白图案组成的结实桌面。另一半是同样的图案,但它在桌子下面的地板上(深渊)。在浅滩边上,图案垂直降到地面,虽然从上面看是直落到地上的,但实际上有玻璃贯穿整个桌面。在浅滩和深渊的中间是一块 0.3 米宽的中间板。

这项研究的被试是 36 名年龄在 6~14 个月之间的婴儿。这些婴儿的母亲也参加了实验。每个婴儿都被放在视崖的中间板上,先让母亲在深的一侧呼唤自己孩子,然后再在浅的一侧呼唤自己的孩子。结果发现,绝大部分婴儿拒绝爬过深渊,但都能爬过浅滩。实验证明,6 个月的婴儿已经具有深度知觉。

本实验的自变量是深度,有两个水平:浅滩和深渊;因变量是婴儿的行为:爬过浅滩或者深渊的行为。

【备注】视崖实验是常考点,可以出各种题型。比如北师范大学 2011 年以名词解释的形式考查了这个知识点。

2. 简述儿童心理理论的概念及发展。【北京大学 2015】

【考点】发展心理学;认知发展。

扫一扫,看视频

【解析】心理理论是指对自己和他人心理状态(如需要、信念、意图、感知、情绪等)的认识,并由此对相应行为做出因果性的预测和解释。当我们拥有了心理理论,我们就能够认识到他人的认识是不同于我们自己的认识的,但我们可以通过改变他人的信念来改变他人的行为。

心理理论的主要研究范式是错误信念任务。在研究中,研究者请被试观察用玩偶演示的游戏:男孩 Maxi 将巧克力放在厨房的一个蓝色橱柜内,然后离开;他不在时,母亲把巧克力移到另一个绿色橱柜里。这里涉及三个实验问题:①知识性问题,Maxi 是否知道母亲将巧克力转移了位置?（不知道,因为他不在场）;②信念问题,Maxi 认为巧克力在哪里?（蓝色橱柜）③Maxi 回厨房拿巧克力,将在何处寻找?（蓝色橱柜）。研究发现,4 岁以下的儿童会答错,即认为 Maxi 会去绿色橱柜里面找巧克力,因为他们不能区分自己和他人接收到的信息;4 岁以上儿童一般都能回答正确,因为他们已经能明白他人接收到的信息和自己不同。因此,通常认为 4 岁是获得心理理论的一个分水岭。能够完成错误信念任务,标志着儿童心理理论的形成。

3. 简述小学儿童思维特点。【南京师范大学 2016】

【考点】发展心理学;认知发展;儿童认知发展。

【解析】小学儿童思维发展的基本特点是从以具体形象思维为主要形式过渡到以抽象逻辑思维为主要形式。但这种抽象逻辑思维在很大程度上仍然是直接与感性经验相联系的,仍然具有很大成分的具体形象性。

(1)逐步过渡到以抽象逻辑思维为主要形式,但仍带有很大的具体性。

(2)由具体形象思维过渡到抽象逻辑思维存在明显的关键年龄,这个关键年龄在四年级,大约在 10 ~ 11 岁。

(3)思维结构趋于完整,但有待完善。

(4)思维过程发展的不平衡性。

4. 请简述青少年思维的特点。【西南大学 2016;东北师范大学 2014】

【考点】发展心理学;认知发展;青少年的认知发展。

【解析】逻辑思维的发展是青少年思维发展的重点。其主要的发展特点是:抽象逻辑思维占主导,但是还有具体形象思维的成分,主要体现在以下几个方面:

(1)建立假设和检验假设能力增强。

(2)逻辑推理能力迅速增强。

(3)会使用逻辑法则。

(4)概念更加丰富、更系统。

其中,形式逻辑思维和辩证逻辑思维的成熟,是青少年思维发展和成熟的重要标志。

第六章　语言获得

一、单项选择题

1. 以下哪种观点属于个体语言获得的先天论？（　　）【江西师范大学2011】

A. 强化说　　　　　　　　　　　　　B. 认知学说

C. 模仿说　　　　　　　　　　　　　D. 转换生成说

【答案】D

【考点】发展心理学；语言获得；婴儿言语的发展。

【解析】强化说认为言语的获得就是条件反射的建立，而强化在这一过程中起着非常重要的作用。认知学说强调环境与主体相互作用导致了言语的产生。模仿说认为婴儿主要是通过模仿成人语言产生语言的。转换生成说认为言语是人类与生俱来的一种能力，在语言的无限多样性下面，存在着一个所有人类语言共同的基本形式，即普遍语法结构，使得普遍语法向个别语法转化。前三种观点均认为语言发展应是后天习得的，而最后一种认为语言发展是先天的。

2. 关于个体语言发展的特点，以下表述不正确的是（　　）【江西师范大学2014】

A. 书面言语掌握比口头言语掌握更晚

B. 内部言语的发展经历了三个阶段

C. 独白言语比对话言语发展更早

D. 言语情境性的发展比连贯性的发展早

【答案】C

【考点】发展心理学；语言获得；幼儿言语发展。

【解析】内部言语的发展经历了出声思考、过渡阶段、无声思考三个阶段。独白言语不需要情境限制，发生于对话语言之后。连贯语言不直接依靠具体事物作支柱，比情境语言发展晚。

二、简答题

1. 简述乔姆斯基关于语言获得的理论和贡献。【北京大学2013】

【考点】发展心理学；语言获得；婴幼儿言语发展。

【解析】乔姆斯基于20世纪5、60年代提出了其语言理论——转换生成说。该理论有三点认识：(1)语言是利用规则去理解和创造的，而不是通过模仿和强化得来的。(2)语法是生成的，婴儿先天具有一种普遍语法，言语获得过程就是由普遍语法向个别语法转化的过程；这一转化是由先天的语言获得装置(LAD)实现的。(3)每个句子都有其深层和表层结构,句子的深层结构(语义)通过转化规则变成表层结构(语音),从而被感知和传达。

乔姆斯基主张语言学家的研究对象应从语言转向语法,研究范围应从语言使用转为语言能力,研究目标应从观察现象转为描述和解释现象。他的理论对结构语言理论提出了挑战,在语言学界掀起了一场革命。尽管其理论引发了很多争议,但也加深了人们对语言的理解。许多语言都以他的理论为参照。乔姆斯基的理论对语言学、哲学、心理学、认知神经科学都产生了广泛而深远的影响。

第三部分

第七章　社会性发展

一、单项选择题

1. 鲍尔比提出婴儿在哪个时期会与养育者建立特殊的情感联结？（　　）【江西师范大学 2014】

A. 0 ~ 3 个月　　　　　B. 3 ~ 6 个月　　　　　C. 6 ~ 12 个月　　　　　D. 6 个月 ~ 3 岁

【答案】C

【考点】发展心理学；社会性发展；依恋。

【解析】3 个月之前婴儿的状态主要是睡眠。3 ~ 6 个月之间，婴儿醒的时间长了，能更多地与人交往，对母亲更为偏爱，对母亲和陌生人的反应也有所不同。6 ~ 12 个月之间，婴儿对母亲的存在更加关切，与母亲在一起时很高兴，母亲要离开则会哭喊，母亲回来后就能够安心地玩耍，这表明婴儿形成了专门的对养育者之间的情感联结，即依恋。

2. 安斯沃斯研究婴儿的依恋类型，采用的是什么方法（　　）【江西师范大学 2011】

A. 陌生情境法　　　　　　　　　　　B. 两难故事法

C. 对偶故事法　　　　　　　　　　　D. 习惯化与去习惯化

【答案】A

【考点】发展心理学；社会性发展；依恋。

【解析】美国心理学家安斯沃斯设计了一种专门研究婴儿依恋的方法，叫作陌生情境测验。在这种测验中，她先让妈妈抱着孩子进入一间实验室，玩几分钟玩具后，一个陌生人进入实验室，先沉默，再和孩子妈妈交谈，之后让妈妈离开房间，看孩子的表现。过一会儿，妈妈回来，再看孩子的表现。安斯沃斯发现，婴儿对母亲的依恋大致可分为三种：安全型依恋、回避型依恋、反抗型依恋。两难故事法和对偶故事法分别是科尔伯格和皮亚杰用来研究道德发展阶段的方法。习惯化范式，又称习惯化与去习惯化，可以用来研究婴儿的早期感知能力，比如语音等。

3. 幼儿的主导活动是（　　）【江西师范大学 2014】

A. 吃喝拉撒　　　　　B. 游戏　　　　　C. 学习　　　　　D. 人际交往

【答案】B

【考点】发展心理学；幼儿的游戏。

【解析】游戏是幼儿的主导活动，是促进幼儿心理发展的最好形式。学习是小学儿童的主导活动。吃喝拉撒是婴儿的主导活动。

4. 以下属于创造性游戏的是（　　）【江西师范大学 2011】

A. 通过动画来识字游戏　　　　　　　　B. 投掷各类物品的游戏

C. 表演游戏　　　　　　　　　　　　　D. 模仿游戏

【答案】C

【考点】发展心理学；幼儿的游戏。

【解析】游戏按照游戏的目的可以分为创造性游戏、教学游戏和活动性游戏。其中，创造性游戏是儿童独自想出来的游戏，儿童游戏中高级的表现形式，具有明显的主题、目的、角色分配、游戏规则等，包括角色游戏、建筑性游戏和表演游戏。教学游戏是通过有计划地对儿童进行教育、发展智力的一种游戏。活动性游戏是发展儿童体力的一种游戏，使儿童掌握各种基本的动作。所以通过动画来识字属于教学游戏，投掷各类物品属于活动性游戏。

5. 假装游戏占主导地位的时期，个体的思维发展处于哪个阶段？（　　）【江西师范大学2014】

　　A. 感知运动阶段　　　B. 形式运算阶段　　　C. 具体运算阶段　　　D. 前运算阶段

【答案】D

【考点】发展心理学；幼儿的游戏。

【解析】皮亚杰从认知的角度理解儿童游戏的发展。他认为儿童的认知发展水平决定着游戏的发展水平，游戏的演化过程分为三个阶段：练习游戏、象征游戏和有规则游戏，分别对应感觉运动阶段、前运算阶段和具体运算阶段。其中象征游戏即是用具体的事物表现某种特殊的意义，游戏中出现了象征物，即"以物代物""以人代人"，建筑性游戏和假装游戏都属于象征性游戏。有规则游戏指儿童能按照一定计划或目的来组织物体或游戏材料，使之呈现出一定的形式或结构的活动。

6. 以下阐述不属于小学儿童同伴交往特点的是（　　）【江西师范大学2011】

　　A. 与同伴交往时时间增多，形式更复杂

　　B. 开始形成同伴团体

　　C. 儿童更善于利用各种信息来决定自己对他人所采取的行为

　　D. 儿童与其他儿童之间几乎不存在协调活动

【答案】D

【考点】发展心理学；小学儿童的社会性发展。

【解析】小学儿童的同伴交往的几个基本特点：(1)与同伴交往的时间更多，交往的形式更为复杂。(2)儿童在同伴交往中传递信息的技能增强。(3)儿童更善于利用各种信息来决定自己对他人所采取的行为。(4)儿童更善于协调与其他儿童的而活动。(5)儿童开始形成同伴团体。

7. 青春期少年倾向于通过写日记的方式来表达自己的情绪情感，这反映了此阶段青少年的什么心理特点？（　　）【江西师范大学2011】

　　A. 反抗性与依赖性　　　　　　　　B. 闭锁性与开放性

　　C. 勇敢与怯弱　　　　　　　　　　D. 高傲与自卑

【答案】B

【考点】发展心理学;社会性发展;青春期的社会性发展。

【解析】闭锁性,进入青春期的少年渐渐地将自己的内心封闭起来,他们的心理生活丰富了,但表露于外的东西减少了,即出现隐秘的心理特征。

二、多项选择题

1. 婴儿的依恋类型可以分为(　　　)【西南大学 2014】

A. 安全依恋型 　　　　　　　　　　B. 回避的非安全依恋型

C. 矛盾的非安全依恋型 　　　　　　D. 混同型

【答案】ABC

【考点】发展心理学;社会性发展;依恋。

【解析】安斯沃斯通过陌生情境法发现,婴儿对母亲的依恋大致可分为三种:安全型、回避型、反抗型。安全型依恋的婴儿与母亲在一起时,能安逸地独立游戏,当母亲离开时,明显表现出苦恼、不安;但当母亲回来时,会立即寻求与母亲接触,很容易被安抚;回避型依恋的婴儿,母亲在与不在无所谓,自己独自游戏。反抗型(矛盾型)依恋的婴儿在母亲离开时表现得非常苦恼,极度反抗;而当母亲回来时,即寻求与母亲的接触,又反抗与母亲的接触。回避型与反抗型都属于不安全型依恋。

三、名词解释

1. 分离焦虑【南京师范大学 2016】

【答案】分离焦虑指的是婴儿与主要抚养者产生了亲密的情感联结之后,当要与之分离,就会表现出伤心、痛苦,拒绝分离。随着婴儿与母亲情感联结的进一步建立,也随之产生了分离焦虑。

2. 同一性混乱【南开大学 2013】

【答案】埃里克森把获得自我同一性的另一个极端称为“同一性混乱”。个体发展到青年期,自我意识大为增强,并进一步把过去的经验和对未来的预期进行一种新的混合。但常常没有来得及认识自我,就要面临生活及社会的多重选择。他们的情绪往往陷入困境,他们的自我、本我和超我失去平衡而陷入冲突,产生同一性混乱。

3. 延迟满足【南开大学 2011】

【答案】延迟满足是指通过推迟满足欲望以获得更大的满足。延迟满足是自我控制能力的一种体现。它的发展是个体完成各种任务、协调人际关系、成功适应社会的必要条件。

扫一扫,看视频

四、简答题

1. 简述儿童依恋的主要类型。【苏州大学 2015】

【考点】发展心理学;社会性发展;依恋。

【解析】婴儿依恋类型:婴儿对母亲依恋的性质并非相同。安斯沃斯等通过陌生情境研究法,根据婴儿在陌生情境中的不同反应,认为婴儿依恋存在三种类型。

(1)安全型依恋。

这类婴儿与母亲在一起时,能安逸地操作玩具,并不总是依偎在母亲身旁,只是偶尔需要靠近或接近母亲,更多的是用眼睛看母亲、对母亲微笑或与母亲有距离的交谈。母亲在场使婴儿感到足够的安全,能在陌生的环境中进行积极的探索和操作,对陌生人的反应也比较积极。

(2)回避型依恋。

这类婴儿对母亲在不在场都无所谓。母亲离开时,他们并不表示反抗,很少有紧张、不安的表现;当母亲回来时,也往往不予理会,表示忽略而不是高兴,自己玩自己的。

(3)反抗型依恋。

这类婴儿在母亲要离开前就显得很警惕,当母亲离开时表现得非常苦恼、极度反抗,任何一次短暂的分离都会引起大喊大叫。但是当母亲回来时,其对母亲的态度又是矛盾的,既寻求母亲的接触,但同时又反抗与母亲的接触。

其中,安全型依恋为良好、积极的依恋,而回避型和反抗型依恋又被称为不安全型的依恋,是消极、不良的依恋。影响依恋的因素主要是依恋的机会、抚育的质量、婴儿的心理特点及家庭环境和文化环境。

五、论述题

1.结合发展心理学相关,选取某一具体方面的发展,试述二胎政策对儿童心理发展的影响和意义。【复旦大学2016】

【考点】发展心理学;社会性发展。

【解析】影响:从人际关系方面来看

(1)亲子关系:父母与儿童的交往时间发生变化,一方面,儿童和父母待在一起的时间明显减少。另外一方面,二胎的出生会让父母把聚焦点全部放在新出生的婴儿上,因此父母关注儿童的时间也会减少。由此期间儿童可能会大喊大叫或者做出一些出格的举动吸引大人的注意,甚至有时选择沉默而产生抑郁情绪。

(2)同伴关系:二胎的出现可能会引起同伴竞争,两个或两个以上的孩子在家庭里出现的时候,必然会出现一些竞争关系,竞争关键点——父母的爱。在好的情况下,较大的儿童能学会如何接纳和包容较小的孩子,从而将这种能力迁移到在幼儿园或学校的社交上;在糟糕的情况下,较大的儿童无法通过正常的方法获得自己的需求,会学会抢夺、欺负,也会将这种能力迁移到幼儿园或学校中去。

意义:人类是需要社会化的高级群居动物,二胎的出现有利于孩子以后更好的应对社会竞争。成长过程中不断进行的同胞间的分享、承让、理解和竞争是有血缘关系的相对安全的竞争,有利于孩子成年后社会适应能力的逐步提高。

2. 试述婴儿依恋对未来适应社会能力发展的影响。【南开大学 2016】

【考点】发展心理学；社会性发展；依恋。

【解析】艾斯沃斯通过陌生情境研究方法，根据婴儿在陌生情境中的不同反应，认为婴儿依恋存在三种类型：安全型依恋、回避型依恋、反抗型依恋。（详情见简答题第 1 题）其中，回避型依恋和反抗型依恋合称非安全型依恋。

依恋理论认为，我们心理的稳定和健康发展取决于我们的心理结构中是否有一个安全基地。人们都有依附的需要，这个可以依附的对象必须是可以信任并且可以提供支持和保护的重要他人。当孩子有安全的依恋时，孩子会感到被爱、安全、自信，并会从事探索周围环境、与他人玩耍及交际的行为。如果孩子没有安全依恋，孩子会体验到焦虑，并且表现出各种依恋行为：从眼睛搜寻到主动跟随和呼喊。这种行为一直会持续到与依恋对象建立起足够的身体或心理亲近水平，或者筋疲力尽而体验到抑郁与绝望。

二十世纪八十年代，学者开始研究依恋关系延续到成年期的可能性。研究表明，安全型依恋者的适应能力最好。他们较有韧性，与同伴关系良好，招人喜爱。安全型依恋者对于关系的满意程度也高于非安全型依恋。他们的关系中有这样一些特点：持续时间长、信任、忠诚、独立，并且更可能以恋爱伴侣为探索世界的安全基地。在苦恼时，安全型依恋者更可能寻求伴侣的支持；同时，安全型依恋者更可能为苦恼中的伴侣提供支持。另外，在发生关系冲突的期间及之后，不安全型依恋者对伴侣的行为作出的反应，加剧而非减轻了他们的不安全感。

3. 小刘的儿子瞳瞳今年 5 岁，上幼儿园中班。根据小刘的了解，儿子在幼儿园里的主要活动就是与其他小朋友玩，如玩"医院"的游戏、"过家家"的游戏等。儿子对在幼儿园的这种玩也非常感兴趣，乐此不疲。但是，小刘却担心这种玩会浪费儿子学习知识的时间。小刘为此非常困惑。你如何从幼儿心理发展的角度来看待这一现象？【山东师范大学 2012】

【考点】发展心理学；幼儿的游戏。

【解析】在幼儿阶段，游戏是儿童主要的活动，是适应幼儿心理特点的活动方法，也是促进幼儿心理发展的最好的一种活动方式。在题目中，瞳瞳所做的游戏属于假装游戏，其特点是儿童有意地用一个事物的名称按它的某种相似性来指称另一个事物。皮亚杰称之为"儿童游戏的高峰"。

根据朱智贤的观点，幼儿的游戏具有以下特性和功能：

①游戏具有社会性。它是人的社会活动的一种初级模拟形式，反映了儿童周围的社会生活。

②游戏是想象和现实生活的一种独特结合。儿童在游戏中既可以充分地展开想象的翅膀，又可以真实再现和体验成人生活中的感受及人际关系，认识周围的各种事物。

③游戏是儿童主动参与的，伴有愉悦感的活动。

④儿童在游戏中学习，在游戏中成长。通过游戏，幼儿不但练习各种基本动作，使运动器官

第三部分

得到很好地发展,而且认知和社会交往能力也能够更快、更好地发展起来。游戏还帮助儿童学会表达和控制情绪,学会处理焦虑和内心冲突,对培养良好的个性品质同样有着重要的作用。

因此,游戏不仅是幼儿的主导活动,也是幼儿教育的重要手段。

4. 联系个体心理发展的实际,分析青少年自我体验发展的主要表现。【西南大学 2014】

【考点】发展心理学;自我体验发展。

【解析】青少年进入青春期后,由于身体的迅速发育,使初中生很快出现成人的体貌。由于生理发育成熟过于迅速,使他们自觉或不自觉地将自己的思想从客观世界中抽回,重新指向主观世界,从而导致自我意识的第二次飞跃。其突出特征是:

(1)青少年的自我体验日益丰富和深刻。随着发现自我和对自我内心活动的关注,青少年逐渐产生了自满、自豪、自负、自怜、自怨、自惭等丰富的情感体验,交往时亦会产生腼腆之情,这些都是儿童期没有或少有的自我体验。但是由于初中生尚不能确切地评价和认识自己的智力潜能和性格特征,很难对自己做出一个全面而恰当的估价,而是凭借一时的感觉对自己轻下结论,所以其情绪变化非常快。另外,其体验深度也有所发展。在青少年初期,其自我体验多与容貌有关,而到了青少年中期,能力、品德、学业、工作等一系列问题则引起了他们内心更为强烈的自我体验。有时还会关注社会问题,并与同伴进行热烈的讨论。

(2)自尊感突出。自尊感是个体对自己有价值感、重要感的体验。青少年自尊感特别强烈,主要表现为青少年将自尊感放在其他情感之上,当自尊感与其他情感发生抵触、冲突时,青少年会毫不犹豫地把维护自尊放在首位。当自尊受损时,常表现出极大的愤怒、恼羞。他们对自尊十分敏感,以致一些在成人眼中的小事也会被青少年联系到维护自尊的重大问题上去。另外,青少年的自尊感容易波动:获得一次小小的成功,他们便会得意甚至自傲;而犯了一次小小的过失或遭遇挫折,他们又会自责、失望,甚至自暴自弃。教育者应维护青少年的自尊心,尽量避免在公开场合尖锐地批评他们。

第三部分

第八章　性别发展

一、单项选择题

1. 3岁左右,男孩喜欢玩汽车类的玩具,女孩喜欢娃娃类的玩具,这表明个体出现了( )【江西师范大学 2014】

A. 性别认同　　　B. 性别刻板印象　　C. 性别角色标准　　D. 性别角色偏爱

【答案】D

【考点】发展心理学;性别发展。

【解析】性别认同是对一个人在基本生物学特性上属于男或女的认知和接受,即理解性别。性别刻板印象亦称性别偏见,是人们对男性或女性角色特征的固有印象,它表明了人们对性别角色的期望和看法。性别角色标准是社会成员公认的适合于男性或女性的动机、价值、行为方式和性格特征。性别角色偏爱指对与性别角色相联系的活动和态度的个人偏爱。

二、名词解释

1. 性别角色认同【江西师范大学 2014】

【答案】性别角色认同是对一个人具有男子气或女子气的知觉和信念,即是对一个人在基本生物学特性上属于男性还是女性的认知和接受。

第三部分

第九章	道德发展

一、单项选择题

1. 科尔伯格采用什么方法对个体的道德发展进行了研究(　　　)【江西师范大学 2014】

A. 陌生情境法　　　　B. 对偶故事法　　　　C. 两难故事法　　　　D. 错误信念法

【答案】C

【考点】发展心理学;道德发展。

【解析】陌生情境法是安斯沃斯用来研究婴儿的依恋类型的。对偶故事法是皮亚杰用来研究儿童的道德发展的。错误信念是衡量儿童是否具有心理理论的重要指标。

二、论述题

1. 论述科尔伯格的道德发展三个阶段六个水平,并用基本理论分析如下事例(海因茨偷药事件)。【北京大学 2013;东北师范大学 2012;苏州大学 2014;上海师范大学 2015】

【考点】发展心理学;道德发展;科尔伯格的道德推理阶段。

【解析】科尔伯格以两难故事实验(海因茨偷药事件)为基础,提出了道德发展的三水平六阶段理论。

海因茨偷药实验:海因茨的妻子得了癌症,危在旦夕。当地有个药剂师,研制了一种特效药,配制药的成本是 200 美元,但他要价极高,每剂要价 2000 美元。为了买药,海因茨变卖家产,四处借钱,但最终只凑得 1000 美元。海因茨恳求药剂师说:他的妻子快要死了,能否将药便宜点卖给他,或者允许他赊账。药剂师拒绝了他,并说:"我研制这种药,正是为了赚钱"。海因茨别无他法,于是在一个晚上潜入药剂师的仓库把药偷走了,结果被警察发现,抓进警察局。

问:海因茨该不该偷药? 为什么该? 为什么不该?

(1)水平一:前习俗水平,由外在的要求判断道德价值。

处于这一水平的儿童判断是非主要取决于行为的后果,或服从成人、权威的意见。个体为回避惩罚或获得奖励而遵守权威制定的规则,道德具有功利性。

阶段一:服从与惩罚定向——服从规则以避免惩罚

判断行为的好坏是根据有形的结果,支配自己行为的是奖励和惩罚。例如,认为海因茨该偷药,"否则他的妻子会死掉";或者认为海因茨不该偷药,"因为他会坐牢房"。

阶段二:朴素快乐主义和工具定向——遵从习惯以获得奖赏

对于规定和原则,只有符合其利益的时候才会遵守,行为的目的是满足自己的需要。例如认为"海因茨该不该偷药取决于他是否爱他的妻子"。

(2)水平二：习俗水平，以他人期待和维持传统秩序判断道德价值。

处于这一水平的儿童判断是非能够考虑到家庭和社会的期望。个体为赢得他人支持或维护社会秩序而遵守规则和社会规范。

阶段三："好孩子"定向——遵从陈规，避免他人不赞成、不喜欢

按照善良人的形象行事，注重别人的评价，希望在自己和别人心中都是"好孩子"。例如，认为海因茨不该偷药，"因为好孩子是不偷东西的"；或者认为海因茨应该偷药，"因为好孩子是会帮助人的"。

阶段四：维持社会秩序的定向——遵从权威，避免遭受谴责

强调尊重法律和维护社会秩序。例如，认为"如果找到一个理由就去违反法律，那社会就会陷入混乱"。

(3)水平三：后习俗水平，以自觉守约、行事权利、履行义务判断道德价值。

在这个水平，个人将可能超越社会法律，以及他对秩序需要的权利和原则。

阶段五：社会契约定向——遵从社会契约，维护公共利益

认为法律应该使人们和睦相处，如果法律不符合需要，可以通过民主的程序来改变。在这一阶段，回答者有一些个人价值优先于法律的模糊想法。例如，"在我心目中，海因茨有权利那么做，但从法律的观点看，他却是错的。到底对错，很难讲。"

阶段六：普遍的伦理原则——遵从良心式原则，避免自我责备

在此阶段，个人有某种抽象的、超越法律的普遍原则。这些原则包括全人类的正义、人性的尊严、人的价值等。虽然考虑到社会秩序的重要性，但也领悟到不是所有有秩序的社会都能实行更完美的原则。例如，认为"纵然海因茨没有为妻子偷窃的法律权利，但他有一个更高尚的权利，即挽救生命，因为生命才是世界上最宝贵的。"

第三部分

第四部分

临床与咨询心理学

第一章　临床与咨询心理学的概念与历史

一、单项选择题

1. 现代心理咨询的产生直接起源于心理测量运动、职业指导运动和(　　)【江西师范大学2011】

　　A. 心理治疗运动　　　　　　　　　　B. 心理健康教育

　　C. 心理卫生运动　　　　　　　　　　D. 临床治疗运动

【答案】C

【考点】临床心理学；临床与咨询心理学的概念与历史。

【解析】现代心理咨询产生的直接根源：20世纪初美国职业指导运动、心理测量技术和心理卫生运动的兴起。

第二章 心理治疗与心理咨询的概念及异同

一、单项选择题

1. 心理咨询与心理治疗相同的方面是( )【江西师范大学 2011】

A. 工作目的　　　　B. 所需要的时间　　　　C. 处理的问题　　　　D. 工作场所

【答案】A

【考点】临床心理学;心理咨询与心理治疗。

【解析】二者都强调帮助来访者成长和改变,帮助当事人解决心理的问题。心理咨询所需时间较短,心理治疗费时较长。心理咨询着重处理的是正常人所遇到的各种问题。心理治疗的适用范围往往是某些神经症、性变态等。心理咨询的工作场所广泛,心理治疗多在医疗环境或私人诊所进行。

二、简答题

1. 简述心理咨询和心理治疗的异同。【华南师范大学 2016;天津师范大学 2011;山东师范大学 2014;东北师范大学 2013;西北大学 2014】

【考点】临床心理学;心理治疗与心理咨询的概念及异同。

【解析】(1)心理咨询(counseling)是通过人的关系,运用心理学方法,来帮助来访者自强自立的过程。

心理治疗(psychotherapy)是建立在良好的治疗关系基础上,由经过专业训练的治疗者以有关理论和技术为基础对来访者进行帮助的过程,以消除或缓解来访者的问题或障碍,促进其人格向健康、协调的方向发展。

(2)心理咨询与心理治疗的相同点:所采用的理论方法常常一致;进行工作的对象常常相似;都强调帮助来访者成长和改变;注重建立帮助者与求助者之间的良好的人际关系。

(3)心理咨询和心理治疗的不同点:

①工作任务的不同。心理咨询的任务主要在于促进成长,重点在预防;心理治疗的任务多在帮助病人弥补过去已经形成的损害。

②对象和情境不同。心理咨询遵循教育的模式,来访者多为正常对象,涉及日常生活问题;心理治疗对象是心理异常的病人,更多强调某些方法所针对的某些适应症。

③工作方式不同。心理咨询应用更多的方式介入到来访者的生活环境之中,而心理治疗的形式更多为成对会谈。

④解决问题的性质和内容不同。心理咨询是现实指向的,涉及的是意识问题;心理治疗涉及内在人格问题,更多地与无意识打交道。

第三章　心理治疗与心理咨询中治疗关系的特征及影响因素

一、单项选择题

1. 在心理咨询与治疗过程中需要咨询师从来访者（患者）的角度去理解来访者（患者）的能力，指的是（　　）【江西师范大学 2011】

A. 真诚　　　　　　　B. 无条件积极关注　　C. 移情　　　　　　D. 共情

【答案】D

【考点】临床心理学；心理咨询的技术。

【解析】真诚是指一位负责任的咨询师，其全部表现都指向来访者的利益和幸福，因此任何不利于建设性咨访关系建立及来访者人格成长的"实话实说"或"表里不一"都是有害的。积极关注是指咨询师将正面的情感投注到来访者身上，把来访者看成一个具有价值和尊严的独立个体，而予以关切、接纳和尊重。移情是指来访者将自己过去对生活中某些重要人物的情感投射到咨询师身上的过程。共情是指咨询师从来访者角度而不是自己的角度理解来访者，并促成与来访者一同思考的情感互动能力。

2. 心理咨询师对求助者的行为表现"理解"的含义是（　　）【江西师范大学 2014】

A. 对其行为的社会效应有了肯定的看法

B. 对其行为发生的规律有了肯定的看法

C. 可以使得求助者感觉得到支持者

D. 可以使得求助者感觉得到反对者

【答案】B

【考点】心理咨询与治疗；心理咨询的技术。

【解析】理解是态度中最中性化的和非评判性的，它可以使求助者得到知己，但并非是支持者或反对者。从心理学角度来讲，理解只说明对他的行为或情绪发生的规律或必然性有了肯定的看法，而对其社会效应和其他后果仍是一种保留态度。

3. 正确的倾听要求咨询师（　　）【江西师范大学 2014】

A. 耐心听求助者叙述，不要作出反应

B. 耐心听求助者叙述，作出道德判断

C. 采取积极和共情的态度

D. 采取警惕和附和的态度

【答案】C

【考点】临床心理学；心理咨询的技术。

扫一扫，看视频

【解析】咨询师的倾听:(1)不是不动脑筋地随便听听,而是全神贯注地、耐心地听。在听的过程中,不能随便打断求助者的话,不能插入自己对会谈内容的评价(摄入性会谈规定不能在交谈中加入咨询人员评论)。(2)倾听,不单是听,还要注意思考,要及时而迅速地判断求助者的谈话是否合乎常理,是否合逻辑。(3)在听的过程中要及时地把握"关键点"。

4. 主导症状指的是( )【江西师范大学 2014】

A. 求助者感到痛苦的问题　　　　　　B. 咨询师需要解决的问题

C. 咨询师印象最深的问题　　　　　　D. 咨询师最感兴趣的问题

【答案】A

【考点】心理咨询与治疗;心理咨询的技术。

【解析】所谓主导症状是指那些使求助者感到痛苦而迫切需要解决的问题(即异常的心理行为表现)。

5. "你说有些时候你很不自信,可以举一个具体的例子来谈谈吗"这句话是用了心理咨询中的什么方法?( )【华南师范大学 2016】

A. 即时化　　　　B. 对质　　　　C. 具体化　　　　D. 自我表露

【答案】C

【考点】临床心理学;心理咨询的技术。

【解析】即时化是指帮助来访者注意此时此地的情况,从而协助来访者明确自己现在的需要和感受,避免其过多地陷入过去不愉快的回忆中,正视现实,正视目前的问题,进而寻求自我调节的途径与方法。对质是指咨询师指出来访者在言语和非言语表达上的不一致,促使其面对或正视这些矛盾的一种语言表达方式。具体化是指咨询师帮助来访者清楚、准确地表述自己所持有的观点、所用的概念、所体验到的情感以及所经历的事件,澄清那些重要、具体的事实。自我表露是指告诉另外一个人关于自己的信息,真诚地与他人分享自己个人的、私密的想法与感觉的过程,在心理咨询中咨询师的自我表露和来访者的自我表露同样重要。

6. 求助者向咨询师提出毫无意义的问题,可能是属于哪种类型的阻抗?( )【江西师范大学 2014】

A. 议论小事　　　B. 假提问题　　　C. 讲话程度　　　D. 讲话方式

【答案】B

【考点】心理咨询与治疗;咨询过程中的阻抗。

【解析】心理咨询中出现的阻抗的表现形式有:治疗程度上——沉默、寡言、赘言;治疗内容上——理论交谈、情绪发泄、谈论小事和假提问题;治疗方式上——为自己的行为辩护、健忘、顺从、控制话题、最终暴露等;治疗关系上——对会谈的时间及规定呈现消极态度,讨好、诱惑治疗者、请客、送礼等。其中假提问题指求助者通过向咨询师提出表面上适宜但实际上毫无意义的问题来回避谈论某一议题或加深某种印象。这些问题一般涉及心理咨询的目的、方法、理论基础及咨询师的私人情况等。往往与心理咨询本身没有密切联系,也常使得咨询师无从回答。因此,假提问题也代表了个体某种自我保护的需要。谈论小事指求助者对会谈中无关紧要的小事谈论不止,它目的在于回避谈论核心问题,并转移咨询师的注意力。

7.如果出现咨询关系不匹配,咨询师最好是(　　)【江西师范大学2014】

A.转介　　　　　　　B.调整　　　　　　　C.求教　　　　　　　D.接受

【答案】A

【考点】心理咨询与治疗;咨询过程中的转介。

【解析】在咨询关系不匹配、经鉴别诊断后属于精神病患者、咨询后来访者没有达到预期目标等情况下咨询师可以考虑转介。

二、多项选择题

1.下列有关心理咨询与治疗过程中使用倾听技术时表述正确的是(　　)【江西师范大学2011】

A.倾听可以建立良好的咨询或治疗关系　　　B.倾听时要避免急于下结论

C.倾听要贯穿于整个临床咨询与治疗之中　　D.倾听时可以做一些道德性的判断

【答案】ABC

【考点】临床心理学;心理咨询的技术。

【解析】在倾听时容易犯以下错误:(1)急于下结论。(2)轻视求助者的问题。(3)干扰、转移求助者的话题。(4)作道德或正确性的判断。(5)不适当地运用咨询技巧。

三、名词解释

1.共情【南开大学2011】

【答案】按照罗杰斯的观点,共情是"体验别人内心世界,就好像那是自己的内心世界一样"的能力。共情包括:咨询师从来访者内心的参照体系出发,设身处地地体验来访者的精神世界;运用咨询技巧把自己对来访者内心体验的理解准确地传达给对方;引导来访者对其感受做进一步思考。

2.移情【华南师范大学2016;苏州大学2014】

【答案】即来访者将自己过去对生活中某些重要人物的情感投射到咨询师身上的过程,分为正移情和负移情。正移情是来访者将积极的情感转移到咨询师身上,负移情是来访者将消极的情感转移到咨询师身上。

3.积极关注【湖南师范大学2015】

【答案】积极关注指的是一种共情的态度,是指治疗者以积极的态度看待来访者,注意强调他们的长处,有选择地突出来访者言语及行为中的积极方面,利用其自身的积极因素。

4.具体化【湖南师范大学2015】

【答案】具体化指的是要求找出事物的特殊性、事物的具体细节,使重要的、具体的事实及情感得以澄清。一是澄清具体事实,二是搞明白来访者所说词汇的具体含义。

5.阻抗【南开大学 2011】

【答案】阻抗是指个体在咨询过程中面临某些威胁性成分时的无意识抵抗,主要表现为压抑回避等反应。

四、简答题

1.列表说明认知行为治疗和心理动力治疗的异同。【北京大学 2016】

【考点】临床心理学;心理咨询的技术。

【解析】

流派 异同点	认知行为治疗	心理动力治疗
理论基础	把人的心理过程包括感觉、知觉、情绪、思维和动机都看成意识现象,认为认知过程决定行为,行为和情绪的产生有赖于个体对情境作出的评价,而评价受个体的信念、假设、思维方式等认知因素的影响。当知觉由于某种原因得不到充分的信息,或者对感觉作出错误的评价和解释时,就会对知觉的准确性和范围产生影响,使知觉受到限制或歪曲,从而导致适应不良的情绪和行为。认知行为疗法着眼点放在认知上,放弃潜意识,易取得患者的理解和协作	以弗洛伊德创立的心理功能的原理和心理治疗的技术为基础,在本质上比精神分析更聚焦,更重视此时此地。 关注的重心是过去的经验对塑造行为和期待模式的影响,通过处理那些重复出现、扰乱健康的特定认知(防御)和人际互动与人际感知模式(移情)来发挥治疗作用。目标是理解患者冲突的性质——源自儿童期适应不良的行为模式(也称婴儿神经症)和这些冲突在成人生活中的作用
适宜人群	患有抑郁症、焦虑症、强迫症、恐惧症、妄想倾向的人群	来访者的障碍以神经症冲突为主,有心理学头脑,能观察情感而不在情感上见诸行动,能通过理解来缓解症状;更严重的患者需要辅以心理社会支持与干预
策略和技术	策略在于帮助人们重新构建认知结构,重新评价自己,重建对自己的信心。常采用认知重建、心理应付、问题解决等技术	主要是通过两个过程带来行为改变:理解防御;理解移情。治疗的焦点是复原和理解源自儿童期的情感和知觉
代表人物	艾利斯、贝克	弗洛伊德、荣格、埃里克森、克莱因、科胡特
疗效	效果明显直观,短时间内就会有明显的改善	见效慢,有的甚至 10 年之后
时程	通常 1~2 次/周,总共 3~6 个月	可以是短程、间断性或长程的;访谈次数是 1~3 次/周

| 第四章 | 临床与咨询心理学工作伦理 |

第四部分

一、单项选择题

1. 心理咨询师在家庭治疗、团体咨询或治疗开始时,应首先在咨询或治疗团体中确立（　　）【江西师范大学 2011】

A. 保密原则　　　　　　　　　　B. 中立原则

C. 客观性原则　　　　　　　　　D. 助人自助原则

【答案】A

【考点】临床心理学;心理咨询的基本原则。

【解析】心理咨询师在家庭治疗、团体咨询或治疗开始时,应首先在咨询或治疗团体中确立保密原则。

二、名词解释

1. 双重关系【华中师范大学 2015】

【答案】双重关系指的是心理咨询师与来访者之间除了咨询关系以外,还存在或发展出其他具有利益和亲密情感等特点的人际关系状况。例如师生关系、商务关系、恋爱关系。

扫一扫,看视频

三、简答题

1. 简述心理咨询与治疗中个案评估的内容要点以及伦理注意事项。【北京大学 2015】

【考点】临床心理学;临床与咨询心理学工作伦理。

【解析】评估是指收集有关来访者信息资料,作出评价判断的过程。临床心理评估是指通过观察、会谈和测验等手段对来访者的心理或行为进行全面、系统和深入分析描述的方法和过程。通过临床评估,可以描述和判断来访者的心理状态是否异常,分析评价异常的性质与程度,辅助诊断。

观察:①观察外表和行为,如衣着是否整洁,与身份相称否? 是否避免目光接触? ②言语和思维,如言语流畅否? 言语过多或过少? 有无自发言语? ③情绪,如是否有情绪不稳、激动、焦急、忧愁、欣快、发怒、淡漠等? ④动作行为,如有无特殊的奇异姿势或行为动作?

会谈,分为最初会谈、收集个案情况的晤谈、诊断性会谈。

(1)最初会谈建立良好关系。

（2）个案晤谈需要：①收集症状、病史和相关因素。了解来访者当前的主要症状即问题是什么？持续了多长时间？有多严重？对生活和工作的影响程序如何？是否第一次发生？过去有无类似问题？采取过哪些措施和方法？②了解生理和健康神经系统状况。判断来访者的心理障碍是否是生理健康或神经系统问题所致，这是非常重要的，这影响到随访的诊断分类和治疗措施。例如，有无应用某些药物的不良影响，有无存在某些躯体疾病（如内分泌疾病）的影响？是否存在患有神经系统疾病（如脑肿瘤）的可能？还要进行基本和必要的生理检查、神经系统功能检查和特殊检查。③了解社会文化背景。至少包括生活事件、人格和应对方式、社会支持、自我意识和概念、生长环境和文化背景。

（3）诊断性会谈的重点是检查精神症状，可以按精神状况检查提纲进行会谈。精神检查提纲包括检查来访者：①有无感知觉障碍，如幻觉；②有无智力和思维过程障碍，如妄想；③有无注意力和定向力障碍；④有无情绪高涨或低落；⑤有无异常行为表现；⑥有无自知力。

测验比较便于对个体样本进行客观分析和定量描述。但需要注意各种量表的使用前提和适用性。

个案评估也属于心理咨询的范畴，因此同样需要符合咨询工作中的伦理。

①心理咨询师不得因来访者的性别、年龄、职业、民族、国籍、宗教信仰、价值观等任何方面的因素歧视来访者。

②心理咨询师在咨询关系建立之前，必须让来访者了解心理咨询工作的性质、特点、这一工作可能的局限以及来访者自身的权利和义务。

③心理咨询师在对来访者进行工作时，应与来访者对工作的重点进行讨论并达成一致意见，必要时应与来访者达成书面协议。

④心理咨询师与来访者之间不得产生和建立咨询以外的任何关系，尽量避免双重关系，更不得利用来访者对咨询师的信任谋取私利，尤其不得对异性有无礼的言行。

⑤当心理咨询师认为自己不适合对某个来访者进行咨询时，应向来访者作出明确的说明，并且应本着对来访者负责的态度将其介绍给另一位合适的心理咨询师或医师。

⑥心理咨询师始终严格遵守保密原则。

2. 简述保密例外的情况。【华中师范大学 2015】

【考点】临床心理学；临床与咨询心理学工作伦理。

【解析】（1）保密例外的定义：对来访者资料进行保密不是绝对的，在某些情况下，为了咨询和心理治疗的学科发展，为了其他人的利益，或为了来访者的最大利益，允许咨询者公开来访者的资料，甚至要求咨询者违背保密诺言。

（2）保密例外的情况：

①在进行本专业的科学研究、教学中使用来访者的资料，必须确认交流是在纯专业情景下

进行,并且"应适当隐去那些可能据以辨认出服务对象的有关信息"。

　　②为了来访者的利益,需要向其他咨询者、教师,有时也包括父母和配偶交换意见,其中涉及来访者的有关信息。

　　③咨询者在咨询过程中意识到当事人或其他人的生命、安全或财产受到严重威胁时,可以违背保密规定。

　　④咨询师在咨询过程中意识到当事人本人的生命安全受到威胁。

　　⑤儿童当事人在接受咨询或治疗的过程中透露遭受到虐待、遗弃,或成年当事人自己袒露有虐待、遗弃未成年子女的行为。

<table>
<tr><td>第五章</td><td>临床与咨询心理学研究方法</td></tr>
</table>

一、单项选择题

1. 心理咨询与治疗个案研究中的系列间设计有交替治疗设计和(　　)【江西师范大学 2011】

A. 继时治疗设计　　　B. 同时治疗设计　　　C. 组合系列设计　　　D. 系列内设计

【答案】B

【考点】临床心理学;临床与咨询心理学研究方法。

【解析】系列间设计包括交替治疗设计和同时治疗设计。

2. 易导致临床资料可靠性降低的因素是(　　)【江西师范大学 2014】

A. 使用心理测验　　　B. 更改最初印象　　　C. 过分随意交谈　　　D. 采用迹象分析

【答案】C

【考点】心理咨询与治疗;临床与咨询心理学研究方法。

【解析】易导致临床资料可靠性降低的因素包括:(1)过分随意地交谈、咨询师的倾向性。(2)收集资料者与决策者是否是同一人。(3)阻抗或言不由衷。(4)对初期印象和后来新资料之间的矛盾的处理。

二、简答题

1. 行为评估的方法。【苏州大学 2016】

【考点】临床心理学;临床与咨询心理学的研究方法。

【解析】(1)自然观察

(2)模拟评估

(3)参与观察

(4)自我监控

(5)行为评估会谈

(6)自陈方法

(7)心理生理评估

(8)其他评估方法

三、论述题

1. 如果你的研究目标是考查地震灾民的心理健康影响因素,请说明如何使用量化和质性方法进行研究。【北京大学 2014】

【考点】临床心理学;临床与咨询心理学研究方法;量化研究和质性研究。

【解析】

(1)质性方法。

通过质性研究了解都有哪些因素影响了震后的心理健康,是如何影响的以及影响的程度。大致的步骤如下:

①阅读文献,了解以往的研究中关于震后的心理以及影响因素。

②编写访谈提纲。

③招募震后各种心理状态下的被访谈人员。

④进行访谈、录音。

⑤转录文字。

⑥整理访谈结果,分析各种异常的心理状态、表现,对各个异常心理状态产生影响的因素。

(2)量化研究。

①了解地震后各种心理状态的分布和发展趋势。

在震后的人群中进行取样,用已被证明有效的临床量表测量根据质性研究得到那些心理现象,对前面了解到的影响因素进行量化,了解震后各种心理异常情况的人群分布以及与影响因素的相关性。对取样人群进行长期跟踪调查,了解在各种影响因素自然发生变化时,各种心理情况的发展变化情形。

②进行干预性研究。

使用实验方法,运用各种治疗方案对震后的心理状况进行干预,对各种影响因素进行干预,记录不同条件和不同方案下干预的结果。在这种情况下能够比较准确地得到各种因素和心理状态的因果关系。

第四部分

第五部分

变态心理学

第一章　变态心理学概论、正常与异常的界定及标准

一、单项选择题

1. 关于变态心理学研究的对象，下列描述中正确的是（　　）【江西师范大学 2011】

A. 以异常情绪过程为对象　　　　　　B. 以变态心理的发生过程为对象

C. 以心理与行为异常表现为对象　　　D. 以错误认知结构为对象

【答案】C

【考点】变态心理学；变态心理学概论。

【解析】变态心理学是研究异常心理现象的发生、发展和变化的原因及规律的科学。

2. 日常生活中，用悲伤的语调述说令人愉快的事情，表明（　　）【江西师范大学 2014】

A. 主观世界与客观世界不统一　　　　B. 人格相对稳定性受到了破坏

C. 心理活动失去了协调一致性　　　　D. 社会适应功能受到严重损害

【答案】C

【考点】变态心理学；正常与异常的界定。

【解析】人类的精神活动虽然可以被分为认知、情绪情感、意志行为等部分，但它自身却是一个完整的统一体，各种心理过程之间具有协调一致的关系。这种协调一致性，保证人在反映客观世界过程中的高度准确和有效。一个人用低沉的语调向别人述说令人愉快的事，或者对痛苦的事，做出快乐的反应，就可以认为他的心理过程失去了协调一致性，称为异常状态。

二、名词解释

1. 心理障碍【湖南师范大学 2016】

【答案】心理障碍指的是心理过程和心理机能受阻。这种障碍既可能是功能性的，又可能包括器质性的病变。

2. 心身疾病【苏州大学 2014】

【答案】心身疾病又称为心理生理障碍，是指心理和身体交互作用的疾病。若要冠以心身疾病，需要符合以下两条标准：（1）有明确而具体的躯体症状或者病理改变。（2）心理因素对其形成或者恶化具有显著的作用。

三、简答题

1. 判定心理正常与异常的常见标准有哪些？【东北师范大学 2011、2013；江西师范大学 2015】

【考点】变态心理学；正常与异常的界定。

【解析】(1)以经验作为标准。

所谓经验的标准有两种意义：

其一是指患者自己的主观经验，他们感到忧郁、不愉快，或自我不能控制某些行为，从而寻找医生的帮助。这种判别标准在许多心理障碍者身上常有应用，但也有某些患者则由于坚决否认自己是"不正常"而正好作为其行为异常的标准。

其二是指医生或咨询员根据自身的活动经验来判别正常和异常。这种标准应用普遍，但常因人而异，主观性较大。

(2)社会常模和社会适应的标准。

这种标准以社会常模为体(组织)，以社会适应为用(行为准则)，也就是说在社会常模的基础上来衡量行为顺应是否完善。

行为是否符合社会的准则、根据社会要求和道德规范行事。人的社会适应行为和能力是受时间、地点、习俗和文化等条件影响的，因此这一标准也并非一成不变，以此来进行判别也会有差异性。

(3)病因与症状存在与否的标准。

有些异常心理现象或致病因素在常态人身上是一定不存在的，若在某些人身上发现这些致病因素或疾病的症状，则可判别为异常。

此时，物理化学检查、心理生理测验等有重要的意义。这一标准比较客观，但应用的范围比较狭窄，因为不少心理障碍并没有明显可查的生物学病因，而且心理异常现象常常是多种因素导致的心身机能的障碍。

(4)统计学标准。

在大样本统计中，一般心理特征的人数频率多为常态分布，居中间的大多数人为正常，居两端者为异常。因此，确定一个人的行为为正常或异常就以其心理特征是否严重偏离平均值为依据。

但是，有时某种心理特征偏向一端并非不正常，例如智力，所以此标准也有一定的局限。

上述种种标准中，几乎没有一个能在单独使用时完全解决问题的，需要综合判定。

第五部分

第二章　精神分裂症

一、单项选择题

1. 以下有关精神分裂症的定义哪项不正确？（　　）【江西师范大学 2011】

A. 一组病因未明的精神疾病

B. 具有思维、感情、行为等多方面的障碍

C. 慢性病人可有意识障碍

D. 以错误认知结构为对象

【答案】C

【考点】变态心理学；精神分裂症。

【解析】精神分裂症是一组病因未明的常见精神疾病，多起病于青壮年，常有感知、思维、情感、行为等方面的障碍和精神活动的不协调，通常意识清晰，智能尚好，有的病人在疾病过程中可出现认知功能损害，自然病程多迁延。

2. 精神分裂症的主要表现是（　　）【江西师范大学 2014】

A. 一组神经功能的障碍　　　　　　　B. 患病期自知力尚完整

C. 情绪和情感接近现实　　　　　　　D. 精神活动脱离了现实

【答案】D

【考点】变态心理学；精神分裂症。

【解析】精神分裂症是一种病因未明的常见精神疾病，具有感知、思维、情感、意志和行为等多方面的障碍，以精神活动的不协调或脱离现实为特征。通常意识清晰，智能多完好，可出现某些认知功能损害。多起病于青壮年，常缓慢起病，病程迁延。患病期自知力基本丧失。

第三章 神经症与躯体形式障碍(焦虑障碍)

一、单项选择题

1. 某些求助者遇到特定的环境(如集会)或某一特定事物(如动物),随即会产生一种焦虑的心情,求助者明知没有必要,却无法摆脱。这种情况多半属于(   )【江西师范大学 2011】

A.恐怖 B.焦虑 C.抑郁 D.癔症

【答案】A

【考点】变态心理学;焦虑障碍。

【解析】恐怖症是指接触到特定事物或处境时具有的强烈的恐惧情绪。患者采取回避行为,并有焦虑症状和植物性神经功能障碍的一类心理障碍。特殊恐怖症是指对存在或预期的某种特殊物体或情境而出现的不合理焦虑。广泛性焦虑是指对多种事件或活动(例如工作或学习)呈现出过分的焦虑和担心(一种提心吊胆的等待和期待),患者感到难以控制自己不去担心。

二、多项选择题

1. 强迫观念的主要表现有(   )【江西师范大学 2011】

A.某种观念或概念反复出现在脑海中

B.不受意愿支配的思潮涌现在脑海中

C.知道没有必要并努力摆脱但无法摆脱

D.内容与周围环境无任何联系

【答案】AC

【考点】变态心理学;焦虑障碍;强迫症。

【解析】强迫观念是强迫症的核心症状,最为常见。明知某些想法和表现,如强迫疑虑、强迫对立观念和穷思竭虑的出现是不恰当和不必要的,却引起紧张不安和痛苦,又无法摆脱。强迫观念与强制性思维只有一字之差,但临床意义完全不同,必须注意鉴别。前者多见于强迫症。强制性思维多见于精神分裂症。对于强制性思维的患者,他的思维活动已经完全不受自己意愿的支配,已经没有属于自己的思维活动。B 项和 D 项属于强制性思维。

三、名词解释

1. 强迫症【华南师范大学 2016;湖南师范大学 2016】

【答案】强迫症是一类以反复出现强迫观念和强迫行为为主要表现的焦虑障碍,以有意识的自我强迫与有意识的自我反强迫同时存在为特征。患者明知强迫症状的持续存在毫无意义且不合理,却不能克制地反复出现。

2. 强迫思维【华中师范大学 2014】

【答案】强迫思维是指以刻板的形式难以控制地反复闯入个人脑海的观念、表象或冲动,主要表现形式有强迫性穷思竭虑、强迫怀疑、强迫联想、强迫性回忆等,常令人不愉快。患者努力加以抵制,却显得徒劳。

3. 恐怖症【苏州大学 2015】

【答案】恐怖症又译为恐惧症,是指对于特定事物或处境具有强烈的恐惧情绪,患者采取回避行为,并有焦虑症状和植物性神经功能障碍的一类心理障碍。

4. 分离性障碍【苏州大学 2016】

【答案】分离性障碍是指那些本来属于一个整体的心理活动现在相互分开了;一个心理活动的共同体解散了;脱离整体生活,并不再有完整的自我意识能力。

四、简答题

1. 简述 DSM-IV 焦虑障碍中的各类疾病及其主要诊断要点。【北京大学 2015】

【考点】变态心理学;焦虑障碍。

【解析】焦虑障碍主要表现为烦恼、紧张、焦虑、恐怖、强迫症状、疑病症状、心情抑郁或神经衰弱症状,症状没有可证实的器质性病变做基础,与患者的现实处境不相称,但患者对存在的症状感到痛苦和无能为力,显著妨碍了患者的生活、工作或社交活动,或者感到极度的精神痛苦,自知力完整或基本完整,病程多迁延,主要包括:恐怖症、强迫症、广泛性焦虑障碍、创伤后应激障碍、惊恐障碍五个类型。

(1)恐怖症:一种过分和不合理的惧怕特定外界客体或处境的神经症,包括广场恐怖症、社交恐怖症和特殊对象恐怖症。

(2)强迫症:以不能为主观意志所克制的,反复出现的观念、意向和行动为临床特征的一种心理障碍。

(3)惊恐障碍:一种以反复的惊恐发作为主要原发症状的神经症。这种发作并不局限于任何特定的情境,通常是在没有任何明显诱因的情况下突然开始,具有不可预测性。

(4)广泛性焦虑障碍:一种以缺乏明确对象和具体内容的提心吊胆及紧张不安为主的焦虑症。

(5)创伤后应激障碍:由异乎寻常的威胁性或灾难性心理创伤而引起的精神障碍的延迟出现或长期持续存在。

五、论述题

1. 介绍神经症和精神病的区别。【辽宁师范大学 2013】

【考点】变态心理学;正常与异常的界定及标准、重性精神病的界定。

【解析】神经症和精神病是属于不同程度的心理异常,我们会从症状特征、适应功能、人格变化和自知力四方面来阐述二者的不同。

（1）神经症，属于中度的心理异常，包括焦虑症、强迫症、恐怖症、癔症、神经衰弱等。其主要特点是：

①有明显和持续时间比较长的情绪障碍，包括易激惹、紧张、焦虑、恐惧和忧郁等不良情绪，以及自主神经功能失调的症状，如头晕、头痛、睡眠障碍等，或癔症性表现，如发作性痉挛、抽搐、肤觉消失等。

②部分社会适应不良，包括社会工作过程中负担加重，日常人际关系紧张等。

③部分的人格改变。这种变化会因人而异，虽然不如严重的心理异常那样严重，但仍会对心理异常者有明显的影响。

④有自知力。与严重的心理异常不同，这类心理障碍者对自己的心理异常有批判力，并且一般能主动求治。

（2）精神病，属于重度的心理异常，包括精神分裂症、躁狂抑郁症、反应性精神病等。其主要特点为：

①具有重症精神病症状，包括错觉、幻觉、思维破裂、妄想、情绪情感的极端不稳定等。

②社会适应能力丧失，从专门的工作、技能到一般的人际交往和饮食起居都受到严重的影响。

③明显的人格改变，即心理异常者与他们以往的人格特点有着明显的不同，原来勤劳、有条理的人可能变得懒散、不修边幅，原来热情、善良的人可能变得冷漠、孤独等。

④没有自知力。这是重症精神患者的显著特点，也是区别于其他心理异常的重要特点。严重心理异常的人尽管存在严重的精神病症状，以及明显的社会适应障碍和人格改变，但他们对这些问题并无批判力，不认为自己存在任何障碍，因此不会主动求医。

六、案例分析题：【山东师范大学 2014】

1. 李某三四岁时看到两只猫打架浑身是血，其中一只猫冲李某狠狠瞪了一眼，从此他开始害怕猫。后来发展到连画里的猫也害怕。出现植物性神经症状，严重影响日常生活。

（1）李某属于哪种心理障碍？该心理障碍在临床上包括哪几种分类？他属于哪一种？

（2）从行为主义理论的角度简述李某的病因。

（3）用系统脱敏疗法来进行治疗，请系统设计一个治疗方案？

【考点】变态心理学；焦虑障碍。

【解析】（1）李某属于焦虑障碍。焦虑障碍在临床上分为恐怖症、强迫症、惊恐障碍、广泛性焦虑障碍、创伤后应激障碍。李某属于恐怖症中的特定（动物）恐怖症。

扫一扫，看视频

（2）人看到打架（无论人还是动物）本身就会有恐惧的情绪产生。血液的出现更加容易唤醒恐惧的情绪。李某在观看猫打架流血时本身就容易把恐惧的情绪与猫联结在一起，而猫狠狠地一瞪使得恐惧的情绪与猫之间产生了很强的联系。由于恐惧是一种非常强烈的情绪,因此在之后逐渐产生了泛化现象,对猫的形象也会产生恐惧。

（3）应用系统脱敏法进行的治疗方案如下：

①首先教会李某进行肌肉放松训练。

②建立恐怖和焦虑的等级层次。将李某对于各种猫的形象的恐怖或焦虑程度进行排列,顺序由大到小。

③分级脱敏训练。要求李某在肌肉放松的情况下,由低到高逐级进行想象、忍耐和训练。

第四章	心境障碍

一、单项选择题

1. 关于躁狂症的临床表现,你认为哪项说法正确?(　　)【江西师范大学 2011】

A. 躁狂症患者没有幻觉、妄想、思维散漫

B. 躁狂症患者都有幻觉、妄想、思维散漫

C. 部分躁狂症患者有精神症状,但随情感症状的好转而消失

D. 部分躁狂症患者有精神症状,且不随着情感症状的好转而消失

【答案】C

【考点】变态心理学;心境障碍。

【解析】躁狂发作的主要临床症状是情绪高涨、思维奔逸和活动增多,并伴随着躯体症状。其中思维奔逸是指思维过程明显加快,内容非常多变,意念飘忽,可能会出现幻觉、妄想、思维散漫等症状,也可能出现精神症状,但随情感症状的好转会消失。

2. 问患者几岁时,患者答"三十三,三月初三生,三月桃花开,开花结果给猴吃,我是属猴的",这个回答说明患者有何症状(　　)【江西师范大学 2011】

A. 音联意联　　　　　　　　　　　B. 病理性象征性思维

C. 思维散漫　　　　　　　　　　　D. 强制性思维

【答案】A

【考点】变态心理学;心境障碍。

【解析】音联意联是思维奔逸严重时出现的一种症状,患者谈话的内容中夹杂着很多音韵的联想(音联),或字意联想(意联),即患者按某些词汇的音韵相同或某句子在意义上相近的联想而转换主题。病理性象征性思维指患者主动地以一些普通的概念、词句或动作来表示某些特殊的、不经患者解释别人无法理解的含意。思维散漫指思维的目的性、连贯性和逻辑性障碍。患者思维活动表现为联想松弛,内容散漫,缺乏主题,一个问题与另外一个问题之间缺乏联系。强制性思维指患者头脑中出现了大量的不属于自己的思维,而这些思维不受患者意愿的支配,强制性地在大脑中涌现,内容往往杂乱多变,毫无意义,毫无系统,与周围环境也无任何联系。

3. "抑郁发作"的特点不包括(　　)【江西师范大学 2011】

A. 思维缓慢　　　　　　　　　　　B. 思维中断

C. 情绪低落　　　　　　　　　　　D. 语言动作减少和迟缓

【答案】B

【考点】变态心理学;心境障碍。

【解析】抑郁发作的特点包括：情感低落，思维迟缓，意志活动减退以及其他躯体症状。思维中断是患者无意识障碍，又无明显的外界干扰等原因，思维过程在短暂时间内突然中断，常常表现为言语在明显不应该停顿的地方突然停顿，多见于精神分裂症。

二、名词解释

1. 心境障碍【天津师范大学 2012】

【答案】心境障碍（Mood disorders）又称情感性精神障碍（Affective disorders），是以明显而持久的心境高涨或低落为主的一组精神障碍，并有相应的思维和行为的改变，可有精神病症状，如幻觉、妄想等。大多数患者有反复发作的倾向，每次发作可缓解，部分可由残留式转为慢性。

第五部分

<table>
<tr><td>第五章</td><td>进食障碍</td></tr>
</table>

一、单项选择题

1. 某高中女生,为追求完美,天天吃得很少,最近见到食物不想吃,厌烦,很瘦,像个电线杆,月经绝迹,乳房扁平。这可能是(　　)【江西师范大学 2011】

　　A. 饮食失调性障碍　　　　　　　　B. 神经性厌食症

　　C. 青春期发育障碍　　　　　　　　D. 神经性呕吐

【答案】B

【考点】变态心理学;进食障碍。

【解析】神经性厌食症又名精神性厌食症,属精神性的进食障碍,以故意节食导致体重减轻为特征。症状包括体重减轻,较以往或常人低25%以上。有性功能及性发育障碍,女性闭经。神经性呕吐又称心因性呕吐,以反复发作的呕吐为特征,无器质性病变作为基础,常与心理社会因素有关。

二、简答题

1. 进食障碍的原因。【苏州大学 2016】

【考点】变态心理学;进食障碍。

【解析】包括神经性厌食症和神经性贪食症两大综合征。两者都是以严重异常的进食态度及行为为特征。害怕发胖和对体型、体重的歪曲认识与期望是神经性厌食症和神经性贪食症共同的重要心理病理性特点。

病因:(1)生物因素:基因、设定点理论、进食障碍与脑、相关神经递质。

(2)社会因素:整体而言,社会文化因素在进食障碍的发生、发展上是有显著的作用的。跨文化研究发现,不同的社会对肥胖的态度是有差异的,进食障碍的患病率也有差异。另外大众传媒对进食障碍的发展也起到一定作用。影视、报纸杂志上的女性身材几乎都是以苗条为主。女性杂志也一再强调节食、减肥、运动。在这种意识形态下,进食障碍的患病率也在增加。

(3)心理因素:

①人格特点:国外有研究者认为,神经性厌食症患者具有完美主义、害羞、依从的特点;而神经性贪食症病人还包括其他的歇斯底里特征、情绪不稳定及好交际的倾向;进食障碍病人有较高的神经质与焦虑及低自尊,并且表现出一种对家庭及社会标准的强烈认同。人格特质可能造成易感性。而这种易感性与生活应激源及身体不满意交互作用,最后促发了病

态的进食行为。

②心理动力学观点：经典心理动力学理论认为，神经性厌食症是一种对口唇受孕恐惧的防御，之所以要回避食物，是因为食物象征性地等同于性和怀孕；这种焦虑在青春期不断增强，所以这个阶段是神经性厌食症的发病期。还有一种心理动力学观点认为，进食障碍和童年受虐及其他创伤相关。

③家庭动力学观点：这种观点是将心理动力学理论的因素与关注家庭联系在一起，认为孩子在生理上是脆弱的。这种家庭有几个促进孩子发展出进食障碍的特征，并且孩子的进食障碍在帮助家庭回避其他冲突中起了重要作用，这样，孩子的症状在家庭中成为其他冲突的替代物。

第六章	人格障碍

一、单项选择题

1.求助者说,从中学起便自高自大,看不起同学,且以同学为敌猜疑敌视至今。这现象是( )【江西师范大学 2011】

A.分裂样人格障碍　　　　　　　B.强迫性人格障碍

C.偏执性人格障碍　　　　　　　D.依赖性人格障碍

【答案】C

【考点】变态心理学;人格障碍。

【解析】分裂样人格障碍特征是社会隔绝和情感疏远,表现为孤单、冷淡的沉默,不介入日常事务,不交际,不关心他人,将精力投注于非人类的事物(如数学)。偏执性人格障碍主要特征是猜疑和偏执,表现为对他人持久的不信任,社会隔离,过分警惕。依赖性人格障碍的特征是缺乏自信和依附他人,表现为轻微应激即退却,寻求帮助,需要保护,性关系不成熟,往往存在婚姻问题,缺乏亲密朋友。强迫性人格障碍的特征是情绪限制、秩序性、坚持执拗和完美,表现为秩序性、固执、僵硬、异常节俭、谨小慎微、爱整洁、犹豫不决、严肃沉闷等。

二、简答题

1.请简述人格障碍的概念,并列举常见的人格障碍。【江西师范大学 2014】

【考点】变态心理学;人格障碍。

【解析】人格障碍又称为病态人格或异常人格,是指人格的畸形发展,形成了一种特有的、明显的、偏离所处的社会文化背景及多数人认可的认知行为模式。

扫一扫,看视频

人格特征的偏离对环境适应不良,明显干扰了其社会和职业功能,导致此人不能保持和谐的人际关系和难以适应社会生活。

(1)偏执型人格障碍。特征:猜疑、偏执,对他人持久的不信任,社会隔离,过分警惕。

(2)分裂样人格障碍。特征:社会隔绝、情感疏远,孤单、冷淡的沉默,不介入日常事务,不交际,不关心他人,将精力投注于非人类的事物。

(3)分裂型人格障碍。特征:社会隔绝、情感疏远、古怪行为、多疑。表现为认识或感知方面的歪曲以及古怪的行为。

(4)表演型人格障碍。特征:又称为癔症型、寻求注意型人格障碍,以人格不成熟、情绪不稳定为特征,此种人格有三项基本表现:需要情爱和注意、依赖性、捉弄他人的倾向。

(5)自恋型人格障碍。特征:妄自尊大的观念。

（6）**回避型人格障碍**。特征：长期和全面地脱离社会关系。对人回避、退缩，过分敏感、焦虑，对自我价值缺乏信心。

（7）**依赖型人格障碍**。特征：又称为不适当型人格障碍，缺乏自信、依附他人。

（8）**强迫型人格障碍**。特征：坚持执拗、追求完美；秩序性、固执、僵硬、异常节俭、谨小慎微、爱整洁、犹豫不决、严肃沉闷。

（9）**边缘型人格障碍**。特征：人际关系、自我形象和情感的不稳定。人际关系不良，不能忍受孤独，常感孤单和空虚，易抑郁，情绪不稳定，行为具有冲动性，易发生自伤，自杀行为，存在自我认同障碍。

（10）**反社会型人格障碍**。经常发生违反社会规范的行为。工作不良，婚姻不良，酒精与药物滥用，情感肤浅、无情、自我中心，不诚实、欺骗、作弄他人、冲动性、攻击性及法律问题等。

2. 简述反社会人格障碍的诊断标准。【北京大学 2016】

【考点】 变态心理学；人格障碍；反社会人格障碍。

【解析】 反社会型人格，也称精神病态或社会病态、悖德性人格等。

DSM－Ⅳ 对反社会型人格障碍的诊断标准：

（1）一直忽视或冒犯他人的权利，起自 15 岁前，包括至少下列 3 项以上：

①不遵守有关法律行为的社会准则，表现为多次做出应遭拘捕的行动。

②欺诈，表现为为了个人利益或乐趣而多次说谎、利用假名或诈骗他人。

③冲动性，或在事先不作计划。

④激惹和攻击性，表现为多次殴斗袭击。

⑤鲁莽地不顾他人或自己的安全。

⑥一向不负责任，表现为多次不履行工作或经济义务。

⑦缺乏懊悔，表现为在伤人、虐待他人或在偷窃之后显得无所谓或作合理化的辩解。

（2）至少 18 岁。

（3）在 15 岁前起病者有品行障碍的证据。

（4）反社会行为并非发生在精神分裂症或躁狂症发作的病程中。

第七章 物质滥用与依赖

一、名词解释

1. 物质依赖【湖南师范大学 2014；山东师范大学 2013】

【答案】物质依赖是指带有强制性的渴求、追求与不间断地使用某种或某些药物或物质，以取得特定的心理效应，并借以避免断药时出现的戒断综合征的一种行为障碍。前者指用药后产生一种愉快、满足或欣快的感觉，并在精神上驱使用药者具有一定周期性或连续性用药的渴求，产生强迫性用药行为以获得满足或避免不适感，这就是精神依赖。后者是指由于反复用药所造成的一种躯体适应状态及中断用药后产生的一种强烈的躯体方面的损害，成为躯体依赖。

2. 戒断症状【华中师范大学 2016】

【答案】戒断症状指的是停止使用或减少使用某种药物后出现的特殊心理、生理症状群。戒断症状的发生和持续时间与所用药物的种类及剂量有关。

二、简答题

1. 简述什么是物质滥用，并对其危害进行举例。【湖南师范大学 2015】

【考点】变态心理学；物质依赖。

【解析】物质滥用指的是对物质的使用导致人们难以完成自己的责任和义务，并且带来人际关系以及法律上的问题。

以滥用酒精为例来说明危害：

(1)饮酒过度，血液中酒精浓度超过一定含量，就会抑制延髓中枢，可能导致个体因呼吸衰竭而死亡。

(2)在妊娠过程中，酗酒可致胎儿畸形，其特征为产前发育迟缓、异常面型、神经系统缺陷、智力低下和多种畸形等。

(3)酒精对中枢神经系统的作用是抑制性的。它使神经系统从兴奋到高度的抑制，严重地破坏神经系统的正常功能。

(4)长期饮酒不仅形成依赖性，还会导致精神障碍出现。

(5)急性酒精中毒往往不仅对个人而且对社会带来种种不利的影响，如导致发生车祸、事故等。

第八章

儿童心理障碍

第五部分

一、单项选择题

1. 儿童的心理障碍以( )为主。【江西师范大学 2014】

A.感知障碍　　　　B.思维障碍　　　　C.行为障碍　　　　D.情感障碍

【答案】C

【考点】变态心理学;儿童心理障碍。

【解析】儿童心理障碍的内容与形式并不十分复杂,但由于儿童表达情感不能像成人那样通过丰富的语言来宣泄内心的压抑,所以心理障碍更多以行为障碍为主,如多动、缄默、多余动作、攻击或退缩行为等。

2. 当前对孤独症最有效,最主要的治疗方法是( )【江西师范大学 2011】

A.教育和训练　　　　　　　　B.认知心理治疗

C.药物治疗　　　　　　　　　D.心理治疗加药物治疗

【答案】A

【考点】变态心理学;儿童心理障碍;孤独症。

【解析】孤独症有明确的医学界定,也称自闭症,是广泛性发育障碍的代表性疾病。孤独症没有特效药物治疗。世界各国尤其是发达国家建立了许多的孤独症特殊教育和训练课程体系,也是目前最主要的治疗方法。

3. 关于精神发育迟滞不正确的描述是( )【江西师范大学 2011】

A.智力发育低下　　　　　　　B.社会适应困难

C.起病与生物、心理及社会因素有关　　D.起病于大脑发育成熟以后

【答案】D

【考点】变态心理学;儿童心理障碍。

【解析】精神发育迟滞,又称精神发育不全,是一种可由多种原因引起的脑发育障碍所致的综合征,以智力低下和社会适应困难为主要特征,可伴有某种精神或躯体疾病,起病于大脑发育成熟以前。

第九章　　应激相关障碍

一、名词解释

1. 创伤后应激障碍【江西师范大学 2014；山东师范大学 2012】

【答案】创伤后应激障碍（Post-traumatic stress disorder，PTSD）指人在经历异乎寻常的威胁性或灾难性应激事件或情境后，延迟出现或长期存在的精神障碍。通常是在创伤事件后经过一段无明显症状的潜伏期才发病。

第五部分

| 第十章 | 自杀与蓄意伤害 |

一、简答题

1. 自杀干预的策略。【苏州大学 2014】

【考点】临床心理学;自杀。

【解析】(1)评估自杀的危险因素。有学者提出了评估自杀危险的 4P 模式,即痛苦、计划、既往史和附加情况,他们以此评估自杀的危险因素。其中,痛苦指评估个人受到了多大的伤害,其所受到的伤害是否是无法承受的。计划指评估他是否下了自杀的日期,是否有什么特殊的日子,自杀计划的具体内容是什么,其内容是致命的吗,他是否真有可能实施这个计划。既往史指评估既往的自杀企图、重要他人的丧失、疾病、婚姻关系的破裂、身心上的创伤以及性侵犯的情况。

(2)热线干预与危机干预。自杀热线的工作人员,通常是志愿者,他们会努力倾听来电话者的诉说,同时与其讨论为什么不要自杀,并告诉他们在什么地方去寻求专业的帮助。保持交谈,建立信任是电话热线干预的基本原则。对自杀的危机干预,强调首先要评估自杀的危险因素,积极倾听、表达自己的感受,良好的共情,以真诚的态度与自杀者交谈。

第六部分

社会心理学

第一章	社会思维

一、单项选择题

1. 个体行为的稳定性和一致性取决于个体的(　　)【江西师范大学 2014】

A. 社会角色　　　　B. 社会意识　　　　C. 自我意识　　　　D. 社会知觉

【答案】C

【考点】社会心理学;社会思维;自我。

【解析】个体行为的稳定性和一致性的关键是个体怎样认识自己。通过维持内在一致性,自我概念实际引导着个体行为。自我亦称自我意识或自我概念,是个体对自己存在状态的认知,包括对自己生理状态、心理状态、人际关系及社会角色的认知。社会角色是指与人们的某种社会地位、身份相一致的一整套权利、义务的规范与行为模式,它是人们对具有特定身份的人的行为期望,它构成社会群体或组织的基础。社会知觉是人对各种社会性的人或事物形成的直接的整体性印象,主要是指对人的知觉(人,人与人之间的关系,群体)。

2. 个体对自己整体状况的满意水平称为(　　)【江西师范大学 2011】

A. 自信　　　　B. 自足　　　　C. 自我　　　　D. 自尊

【答案】D

【考点】社会心理学;社会思维;自尊。

【解析】自尊是指个体对自己整体状况的满意水平。自我是个人关于自身的认识。

3. 对于良好的行为采取居功态度,而对于不好的行为,则否认自己的责任,这是归因中的(　　)【西南大学 2014】

A. 认知性偏差　　　　B. 动机性偏差　　　　C. 认知启发　　　　D. 自我服务偏差

【答案】D

【考点】社会心理学;社会思维;归因。

【解析】认知偏差是指人们根据一定表现的现象或虚假的信息而对他人作出判断,从而出现判断失误或判断本身与判断对象的真实情况不相符合。动机性偏差是指由于某种特殊的动机或需要而在加工信息时出现的归因偏差。在认知他人时并不对所有信息进行感知,而是抄近路,感知那些最明显、对形成判断最必要的信息,这就是认知启发。把成功归因于自己而否定自己对失败负有责任的倾向性,称为自我服务偏差。

二、名词解释

1. 自我【苏州大学 2016】

【答案】自我是指自己各种身心状况或是各种身心状况的总和。包括物质的自我、精神的自我和社会的自我。

2. 自尊【上海师范大学 2016】

【答案】自尊指的是个体对自己整体状况的满意水平。它可以是积极的,也可以是消极的,并且有跨时间和情境的一致性。

3. 归因【华南师范大学 2014】

【答案】归因是根据有关的外部信息和线索来判断人的内在状态,或依据外在行为表现推测行为原因的过程,也称归因过程。心理学家根据各种研究所提出的有关归因问题的不同概念与观点,则统称为归因理论。

4. 基本归因偏差【华东师范大学 2016】

【答案】基本归因偏差是指人们对他人行为进行归因时,往往倾向于把别人的行为归结为其内在因素,而低估了情境因素的影响。

扫一扫,看视频

5. 社会比较【华东师范大学 2015】

【答案】社会比较是指通过将自己与他人比较以获取有关自我的重要信息的过程,包括下行社会比较和上行社会比较。下行社会比较,是和本来不如自己的人进行比较,常常获得心理上的满足感;上行社会比较,是和比自己优秀的人进行比较。

6. 社会推理【南京师范大学 2016】

【答案】社会推理是指个人根据一定的信息线索,对信息进行整合和解释,形成关于作为对象的特定人(或群体)的,或特定事件的结论的过程。

7. 社会认知【华南师范大学 2013】

【答案】社会认知是指个体在社会环境中对自我、他人或群体的心理特征和行为规律进行感知、判断、评价、推断和解释以作进一步反应的过程。社会认知有时也被称为社会知觉。

8. 习得性无助【华南师范大学 2013】

【答案】习得性无助是指一个人由于连续失败和挫折后,把失败的原因归结为自身不可改变的因素而感到自己对一切都无能为力,丧失信心,陷入一种无助的心理状态。当人处于习得性无助的状态时,不仅会导致认知、动机、情绪上的偏差,对以后的心身健康、学习乃至一生的发展都会带来不利的影响。

扫一扫,看视频

9. 印象管理【山东师范大学 2013】

【答案】印象管理是指人们试图管理和控制他人对自己所形成的印象的过程。印象管理有两种基本形式:自我表现和自我行动。

扫一扫,看视频

三、简答题

1. 詹姆斯(James)将自我概念划分成哪几个组成要素?【江西师范大学 2011】

【考点】社会心理学;社会思维;自我概念。

【解析】詹姆斯将自我分为"主体我"和"客体我"。前者表示"自己认识的自我",即主动地体验世界的自我;后者表示人们对于自己的各种看法,如人的能力、社会性、人格特征以及物质拥有物等。客体我由三个要素构成:物质我、社会我、心理我,这三个要素都包括了自我评价、自我体验以及自我追求等侧面。

物质我是指与自我有关的物体、人或地点,包括自己身体的各个组成部分,以及自己的服装、家中的亲人、家庭环境等。社会我是指我们被他人如何看待和承认,包括我们给周围人们留下的印象、个人的名誉、地位,以及自己在所参加的社会群体中起到的作用等;社会我在很大程度上取决于我们所扮演的社会角色,我们的自我会随社会情境不同而转换和调整。心理我是我们的内心自我,它由一切自身的心理因素构成,包括感知到的智慧、能力、态度、经验、情绪、兴趣、人格特征、动机等。

詹姆斯认为,三种客体我都接受主体我的认识和评价,对自己形成满意或不满意的判断,并由此产生积极或消极的自我体验,进而形成自我追求,即主体我要求客体我努力保持自己的优势,以受到社会与他人的尊重和赞赏。

2. 自我认识的途径主要有哪些?【华中师范大学 2014】

【考点】社会心理学;社会思维。

【解析】自我认识的途径主要有:

(1)从自己的行为推断自己:人们常由自己的所作所为来推断自己的内在自我概念。

(2)从他人的行为反应推断自己:他人对我们的反应是人们了解自己的主要途径之一。

(3)通过社会比较推断自我:通过与别人相比,人们常常会对自己有更清楚的认知。

(4)通过自我意识来推断自我:我们可以通过自我反省来了解自我。

3. 简述动机的归因理论。【华南师范大学 2015;苏州大学 2016】

【考点】社会心理学;社会思维;归因。

【解析】动机的归因理论主要有以下几种:

(1)罗特的控制点理论。

罗特认为人的想法调节人的行为,增加行为频率的并不是奖励,而是对于什么事情将带来奖励的想法。罗特把个体对于强化的偶然性程度所形成的普遍信念称为控制点。内控强调结果由个体的自身行为造成,外控则强调结果由个体之外的因素导致。

(2)海德的归因理论。

海德将罗特的控制点引入归因理论,认为人们会把行为的原因归结为两种:内部原因如能力、努力、情绪等,外部原因如任务难度、奖励和惩罚、运气等。他认为人们在归因时常使用两个原则,即共变原则和排除原则。

(3)韦纳的归因理论。

韦纳系统地提出了动机的归因理论,证明了成功和失败的因果归因是成就活动过程的中心要素。他提出归因的维度有三种：一是控制点（内外源），它影响个体对成败的情绪体验；二是稳定性，它影响个体对未来成败的预期；三是可控性，它影响个体今后努力的行为。

（4）凯利的三维归因理论。

凯利借鉴了海德的共变原则，提出了自己的三维归因理论。

他认为任何事件的原因可以归为三个方面：行动者、刺激物、环境因素。

他指出，在归因的时候人们要使用三种信息：①一致性信息——其他人也如此吗？②一贯性信息——这个人经常如此吗？③独特性信息——是否此人只对这个刺激以及这种方式反应，而不对其他刺激有同样的反应？

他还提出在归因过程中人们还会使用到的另外一个原则，即折扣性原则：特定原因产生特定结果的作用将会由于其他可能的原因而削弱。

4. 简述韦纳的动机归因理论。【西南大学 2014；首都师范大学 2014；东北师范大学 2013；辽宁师范大学 2013；吉林大学 2013；鲁东大学 2015】

扫一扫，看视频

【考点】社会心理学；社会思维；归因。

【解析】归因是指从行为的结果寻求行为的内在动力因素。

（1）心理学家韦纳在海德内外因理论和罗特控制点理论基础之上系统的提出了动机的归因理论，其认为人们倾向于将行为成败的原因归结为：①内外源维度，即行为的成败取决于内在因素还是外在因素；②稳定性维度，即决定行为的原因是稳定还是不稳定的。要综合以上两个维度才能做出总结性的归因。他认为能力、努力、运气、任务难度是个体分析工作成败时考虑的主要因素。其中能力是内在的稳定性因素，努力是内在的不稳定因素，运气是外在的不稳定因素，任务难度是外在的稳定因素。

（2）行为原因除了有内外源与稳定性两个维度外，还有第三个维度——可控性维度，即行为原因能否为行动者个人所控制。如果是可控的，意味着行动者可以通过主观努力改变行为及其后果。内外控者所理解的控制点位置不同，因而他们对事情的态度和行为方式也不同。

（3）行为归因的内外源维度影响个体对成败的情绪体验，稳定性维度影响个体对成败的预期，可控性维度影响个体的努力程度。

（4）若新的结果和过去不同，常归因于不稳定因素；若结果一致，则常归因于稳定的因素。

（5）归因还会导致情绪反应，若把成就行为归结为内部原因，成功时则感到满意自豪，失败时则内疚羞愧；若归结为外部原因，无论成功还是失败都不会有太大的情绪反应。同时，和他人相比也会不同。

5. 简述测评当中的晕轮效应。【北京大学 2013】

【考点】社会心理学；社会思维。

【解析】晕轮效应又称"光环效应"，是一种影响人际知觉的因素，指在人际知觉中形成的以点概面、以偏概全的主观印象。晕轮效应往往产生于对某人的了解还不深入，还处于感、知觉的阶段时，因而容易受表面性、局部性和选择性影响，对人的认识仅专注于一些外在特征，例如外貌、衣着、礼仪等。有些个性品质或外貌特征之间并无内在联系，可我们却容易把它们联系在一起，断言有这种特征就必有另一特征，也会以外在形式掩盖内部实质。于是经常会产生以貌取人、以衣识人的错误。

6. 简述可得性启发与代表性启发的定义以及各自可能导致的哪些偏差？【北京大学 2015】

【考点】社会心理学；社会思维。

【解析】可得性启发：人们通常会根据映入头脑中的现成例证来进行判断。可得性启发揭示了一条社会思维规律：人们从一条一般规律演绎出一个具体例证是很慢的，但从一个鲜明的例证归纳出一条公理则非常迅速。导致的偏差也很明显：当我们能够快速提取到的信息是片面的，我们做出的判断常常就是错的。例如当询问人们飞机安全还是火车安全时，大部分人都会认为是火车，只是因为电视很少报道火车出事，而每次飞机失事都会大肆报道；而数据显示飞机更安全。

代表性启发：人们在对某个事物进行评价时，在直觉的引导下，会将其与某一类别的心理表征进行比较来获得结论。导致的偏差是：我们常常忽视一些明显的客观的信息，而选择相信我们自己内心的一些感觉和直觉。例如，设想一个名为琳达的女性，31 岁，单身，性格开朗，并且很聪明，大学专业是会计，辅修社会学，关注公益活动，在学生时代做过奥运会志愿者。然后，询问人们以下哪种表述可能性更大时：a. 琳达是名银行出纳；b. 琳达是名银行出纳并且对公益事业很关心。人们常常认为 b 更可能。但从概率的角度考虑，a 是包含 b 的，因此 a 的可能性明显更大。

可得性启发和代表性启发是两种快捷的判断方式，但在使用中要非常谨慎，否则很容易出现偏差。

7. 区分社会同一性理论与自我类化理论。【南京师范大学 2015】

【考点】社会心理学；社会思维。

【解析】（1）社会同一性理论。

社会同一性理论又称为社会认同理论，由塔吉菲尔等在认同理论基础上延伸提出的，也是目前群际行为研究领域影响最大的理论。其基本观点是社会分类、群际比较及人们对积极社会同一性的追求，是群际冲突和群际歧视产生的根源。

塔吉菲尔等通过"最低限度群体"范式的经典实验，发现群体划分本身就能引发敌意性的群际行为。按照塔吉菲尔等的解释，社会同一性是个体自我概念的一部分。塔吉菲尔等认为，个体总是努力追求积极自我形象，这可以通过他所隶属的群体来获得。

社会同一性理论首次将社会比较区分为人际社会比较和群际社会比较两种不同过程，并且明确将同一性区分为个人同一性和社会同一性两种自我知觉水平。这一理论还包含了不同于个体自尊的"集体自尊"这一全新概念，并且表现出与美国主流认知社会心理学的不同，被看作是近几十年来欧洲本土化心理学最重要的成果之一。

（2）自我类化理论。

第六部分

①类化的概念:所谓类化,就是当我们知觉事物时,往往先根据一些简单的原则,将事物进行归类。

②社会类化:社会类化是指个体在产生社会知觉时,主观上将自己归属于某个群体的过程。社会类化的结果,是在认知水平上扩大了群体之间的差异,同时缩小了群体内成员之间的差异。社会类化涉及两个过程:一个是同化,即知觉到群体中的每一个人在某方面都很相似;另一个是对比(亦即异化),即相信群体间的差异比实际的要大。

③类化的作用:无论是物理刺激还是社会刺激,类化会使类别内的相似性和类别间的差异性在知觉上都得到加强,这称为"加强效应"。

④自我类化理论:塔吉菲尔、特纳等在社会同一性理论的基础之上,提出了自我类化理论。基本观点:塔吉菲尔等认为,在群体中,人们的自我定义会发生改变,个人同一性会让位于社会同一性。

8. 简述自我概念的功能。【湖南师范大学2015】

【考点】社会心理学;社会思维;自我概念。

【解析】伯恩斯提出自我概念具有三种功能:

(1)自我一致性维持。自我概念使人保持内在一致性,个人需要按照保持自我看法一致性的方式行动。个人怎样理解自己,是其内在一致性的关键部分。积极的自我概念引导人按照社会期望的方向发展,消极的自我概念引导人放松自我约束。

(2)经验解释。自我概念具有经验解释系统的作用。一定经验对个人具有怎样的意义,取决于个人在怎样的自我概念背景下做出评价。同样的经验对不同自我概念背景的人,会具有不同的意义。

(3)期望定向。人们对情境和自己行为的期望是受自我概念引导的。在各种不同的情境中,人们对于事情发生的期待和自己在情境中如何行动,都高度决定于自己的自我概念。

9. 说明解释水平理论框架模型的建构方法。【北京大学2016】

【考点】社会心理学;社会思维。

【解析】解释水平理论(construal level theory,CLT)是近年迅速发展的一种心理表征理论,被广泛应用于消费决策、自我调节、组织行为和公共政策制定等一系列领域中。解释水平理论提出,人们对事件的解释会随着对事件心理距离的知觉而发生系统改变,从而影响人们的反应。心理距离是指个体对某事物距离自己远近的主观经验,并以自我、此时、此地为参照点。它包含四个维度:时间距离、空间距离、社会距离和假设性(即概率大小)。具体来说,当知觉事件的距离较远时,人们使用抽象、本质和总体的特征对事件进行表征(高水平解释);当知觉距离较近时,人们倾向于以具体、表面和局部的特征对事件进行表征(低水平解释)。解释水平的这些差异有着重要的心理意义:在远距离条件下,与高水平解释相关的特征在个体的决策和判断等过程中起着重要作用;而在近距离条件下,与低水平解释相关的特征在决策和判断中更受重视。

举个例子,假如要计划一次旅行,如果定在一年以后(时间距离远),考虑的可能就是一些比较抽象的内容,比如为什么要去玩、去哪里玩等。但如果是在一个礼拜后（时间距离近）,你就会开始考虑各种细节,如路线、酒店和机票等。这种效应不仅存在于时间距离维度,研究证明空间距离、社会距离、假设性等其他三个维度也存在这种现象,即人们对于空间距离比较远、比较陌生的人、概率比较小的事件的描述通常都会比较抽象概括,会倾向于进行高水平的解释表征。

因此,如果要为某事建立一个框架,判断决策者的行为,就应该从时间距离、空间距离、社会距离和假设性四个维度分析决策者与事物处于不同心理距离时,可能做出的行为,从而以事件为中心建立起一个框架模型。

四、论述题

1. 什么是社会知觉和社会知觉偏差?分别作出解释。【北京大学 2013、2016】

【考点】社会心理学;社会思维。

【解析】社会知觉是指个体在社会环境中对自我、他人或群体的心理特征和行为规律进行感知、判断、评价、推断和解释以作进一步反应的过程。侯玉波的书中将其分为个人知觉、自我知觉、社会认知和归因认知。个人知觉是指在认识一个人过程中,根据有限信息对个体形成印象,对一个人的能力或性格作出判断。自我知觉是指个体对自己的形象、态度以及价值观等的知觉。社会认知是指人们根据环境中的社会信息形成对他人或事物的推论。归因是指人们推论他人行为或态度的原因的过程。社会知觉偏差是指在社会知觉过程中发生的主观认识与客观真实发生偏差的现象。

社会知觉偏差包括:

①晕轮效应:又称光环效应,指评价者对一个人多种特质的评价往往受某一特质高分印象的影响而普遍拔高。例如漂亮的人在各方面都常常被别人做较高的评价。与之相反的效应叫扫帚星效应。

晕轮效应的形成与知觉的整体性有关。我们在知觉客观事物时,并不是对知觉对象的个别属性或部分孤立地进行感知的,而总是倾向于把具有不同属性、不同部分的对象知觉为一个统一的整体,这是因为知觉对象的各种属性和部分是有机地联系成一个复合刺激物的。譬如,我们闭着眼睛,只闻到苹果的气味,头脑中就形成了苹果的完整印象,因为经验补足了苹果的其他特征。由于知觉整体性作用,我们知觉客观事物就能迅速而明了,"窥一斑而见全豹",用不着逐一知觉每个属性。

②正性偏差:也称慈悲效应,是指人们在评价他人时对他人的正性评价超过负性评价的倾向。心理学家对此有两种解释:

a.极快乐原则,强调人们的美好经验对评价他人的影响,认为当人们被好事物包围时,他便会觉得愉快。

b.人们对所评价的他人有一种相似感,而人们倾向于对自己做较好的评价,所以对他人也会做较高的评价,看起来就更加宽容。

③ 基本归因错误:把他人的行为归因于人格或态度的内隐特质上,而忽视他们所处情境的重要性。

产生此种偏差跟两方面因素有关:一、人们总有一种"人应该为自己的行为负责"的信念,所以更多地从内因去评价结果,而忽略外因的影响;二、情境中的行动者比其他因素更突出,所以人们会忽略情境因素,而把原因归于行动者。

④ 归因中的自利偏差:一种动机性偏差,指人们倾向于把自己的成功归于内因,如能力、努力,而把失败归于外因,如运气、干扰。

印象管理理论可以较好地解释自利偏差,因为人们总是试图创造一个特殊的、良好的印象以使他人对自己有一个良好的评价。当别人问原因时,人们会尽量让对方相信,成功完全由于自己,失败则不能怪自己,这样才能让他人给自己较高的评价。

⑤ 可得性启发:根据映入人头脑中的现成例证来回答问题或作出判断。

代表性启发:在对某个事物进行评价和判断时,在直觉的引导下,将其与某一类别的心理表征进行比较。

这两种思维方式也常常产生偏差,因为头脑中的印象和心理表征都不一定是正确的。忽略了客观的信息而根据错误的信息进行判断自然会产生偏差。而两种思维方式之所以存在是因为人们的心理加工资源是有限的,为了在十分有限而宝贵的时间内同时加工众多的信息,所以认知系统才形成了这种专门的捷径。

2. 结合实际(举例)谈谈内隐社会认知的研究方法。【南京师范大学 2016】

【考点】社会心理学;社会思维。

【解析】(1)内隐社会认知的定义和特征。

"内隐社会认知"的概念是美国心理学家格林沃德提出的,是指在社会认知过程中虽然个体不能回忆某一过去经验(如用自我报告法或内省法),但是这一经验对个体的行为和判断依然具有潜在影响的认知现象。它是一种深层的、复杂的社会认知活动,是认知主体不需要努力、无意识的操作过程。它具有如下四点鲜明特征:

① 社会性。它是对人及人际关系等社会对象的认知,这一过程包含着深刻的社会历史意义和文化内涵。

② 积淀性。作为一种社会认知结构,它是已有的社会历史事件和生活经验长期积累的结果。

③ 无意识性。它的发生和发展是一种自动的、无意识的操作过程。

④ 启动性。个体的过去经验和已有的认知结果,会对新的对象的认知加工产生影响。

(2)内隐社会认知的研究方法。

由于内隐社会认知的活动脱离了意识的控制,直接测量法已无法证明内隐认知过程的存在。为此,内隐社会认知研究所采用的是间接测量的技术和方法。

①投射测验法。如让被试根据一幅抽象的图片、照片或抽象的刺激讲故事或进行联想式描述,可以获得被试本人不自觉的很多内隐心理内容。斯普兰格发现,用投射测验法测量的成就动机比用问卷法有更高的预测效度。

②补笔法。即在被试学习一系列单词后,主试给被试提供单词的缺笔词,要求被试把心中想到的单词填写出来。吉尔伯特用补笔法揭示了内隐刻板种族印象的存在。

③阈下条件法。主试给被试迅速呈现一组富有感情色彩(愉快/不愉快)的刺激物,然后呈现中性刺激物,测查其是否对原来的中性刺激做出了情感性判断。

④反应时法。由被试完成判断任务的反应时差异,来考察其内隐社会认知的效应。

⑤格林沃德还提出了一种全新的内隐社会认知的研究方法——内隐联想测验(简称IAT),并以其创新性和有效性迅速奠定了作为内隐社会认知研究新范式的地位。IAT测验是一组计算机化的分类任务,以反应时差异为指标来测量概念间内在的联系强度,从而间接反映个体的内隐心理倾向。IAT测验的方法学基础是心理学中的启动效应。启动效应是指先前呈现的刺激,对随后呈现的刺激或与其相关的某种刺激进行加工时所产生的易化现象。在IAT测验中,要求被试对目标概念与属性概念作出同一反应。那么,当这两个概念之间联系紧密或者相容时,被试对于这两个概念作出同一反应的反应时就较短,而如果两个概念联系不紧密或者不相容,反应所需要的反应时就较长。完成两类任务的反应时差异称为IAT效应。IAT效应是目前衡量概念之间联系程度的关键指标。

第二章　社会影响

一、单项选择题

1. 人们社会化的直接背景是(　　)【西南大学 2014】

A. 亚社会　　　　B. 文化　　　　C. 代理人　　　　D. 社会角色

【答案】A

【考点】社会心理学;社会影响;社会化。

【解析】社会化是个人在特定的社会与文化环境中,与社会环境相互作用,个体形成适应于该社会与文化的人格,掌握该社会所公认的行为方式。人们的直接生活世界与社会环境,是自己居住地在一定范围内构成文化同一体的各种层次、各种形式的亚社会,而不是通常所说意义上的宏观社会。亚社会是人们社会化的直接背景,外部社会对于人们的要求与期望、奖励与惩罚,都是以亚社会为出发点的。

2. 人们常常认为,一种虚假的、一般的人格描述,能十分正确地解释自己的特性,这被称为(　　)【西南大学 2014】

A. 虚假一致性偏差　　B. 自我中心偏差　　　C. 宽大效应　　　　D. 巴纳姆效应

【答案】D

【考点】社会心理学;社会影响;社会知觉偏差。

【解析】虚假同感偏差又称"虚假一致性偏差",指的是人们常常会高估或夸大自己的信念、判断及行为的普遍性。当遇到与此相冲突的信息时,这种偏差使人坚持自己的社会知觉。把成功归因于自己而否定自己对失败负有责任的倾向性称为自我服务偏差。个体在评价他人时,往往更多地对他人作出积极的、肯定的评价,即评价他人时总有一种特别宽大的倾向,这就是积极性偏差,也称"宽大效应"。巴纳姆效应认为每个人都会很容易相信一个笼统的、一般性的人格描述特别适合他。即使这种描述十分空洞,仍然认为反映了自己的人格面貌,哪怕自己根本不是这种人。

3. 在沟通中,影响沟通的关键因素是(　　)【西南大学 2014】

A. 语言　　　　B. 障碍　　　　C. 背景　　　　D. 反馈

【答案】A

【考点】社会心理学;社会影响;沟通。

【解析】沟通中的障碍是指会使沟通过程更加困难或使双方没能很好地完成沟通的因素。沟通总是在一定的背景中发生的。沟通中信息的接受者不断地将沟通的结果回馈给发出者,使其进一步调整沟通动作,从而形成一个沟通的回路,这个过程就是反馈。反馈的作用是使沟通成为一个互动过程,而不仅仅是单向传递。这三个都是沟通的要素。借助语言形式实现的沟通,是人与人之间沟通的主要形式,所以影响沟通的关键因素是语言。

4. 在阿希(Arch)设计的实验中,由于前面几位假被试作出了错误的知觉判断,被试受到某种压力而不得已作出与其他人一样的错误判断的行为称为( )【江西师范大学2011】

A. 依从　　　　　　B. 服从　　　　　　C. 从众　　　　　　D. 盲从

【答案】C

【考点】社会心理学;社会影响;从众。

【解析】从众是在群体影响下放弃个人意见而与大家保持一致的社会心理行为。服从是指个体在社会要求、群体规范或他人意志的压力下,被迫产生符合规范或他人要求的行为。服从的经典实验是米尔格莱姆的电击实验。依从(又译为顺从),是指因为他人的期望、压力而接受他人请求,行为符合别人期望的现象。

5. 关于从众行为的原因,以下表述不正确的是( )【江西师范大学2014】

A. 寻求行为参照　　　　　　　　　　B. 避免对偏离的恐惧

C. 追求成功　　　　　　　　　　　　D. 群体凝聚力

【答案】C

【考点】社会心理学;社会影响;从众。

【解析】从众行为的原因主要包括:(1)寻求行为参照。在许多情境中,个体由于缺乏知识或其他原因(如不熟悉情况等)必须从其他途径获得自己行为合适性的信息;(2)对偏离的恐惧。偏离群体,个体会面临较大的群体压力乃至制裁;(3)群体凝聚力。群体凝聚力指群体对其成员的吸引水平以及成员之间的吸引水平。

6. 由霍夫兰(Hovland)提出的有关态度改变的理论称为( )模型。【江西师范大学2011】

A. 竞争　　　　　　B. 说服　　　　　　C. 合作　　　　　　D. 利他

【答案】B

【考点】社会心理学;社会影响;态度转变。

【解析】霍夫兰和詹尼斯在耶鲁大学进行的研究主要集中于传达者的哪些特点、传递信息的哪些特点以及接受者的哪些特点会对信息接收者的态度改变产生影响,提出态度改变的劝导模型,即说服模型。

7. 组织结构确定、角色分配明确的群体称为( )【江西师范大学2011】

A. 正式群体　　　　B. 非正式群体　　　C. 参照群体　　　　D. 成员群体

【答案】A

【考点】社会心理学;社会影响;群体影响。

【解析】根据构成群体的原则和方式的不同,可以将群体分为正式群体和非正式群体。正式群体指组织结构确定、角色分配确定的群体。非正式群体指成员依照各自的喜好自发形成,没有明确角色分化和权利义务规定的群体。根据成员的个人身份归属及是否接受其规范,可将群体划分为成员群体和参照群体。成员群体是个体为某个群体正式成员的群体,在这个群体中成员归属于这个群体,对这个群体有较高的认同度。参照群体是个体实际上没有参加,但接受其规范的群体。

8. 在有人在场时工作效率会提高的社会现象属于(　　)【江西师范大学 2011、2012】

A. 责任分散　　　　　B. 社会极化　　　　　C. 社会干扰　　　　　D. 社会助长

【答案】D

【考点】社会心理学;社会影响;群体影响。

【解析】责任分散是指对某件事来说,如果是个体被要求单独完成任务,责任感就会很强,但如果是要一个群体共同完成任务,群体中的每个个体的责任感就会很弱。社会极化是指群体成员中原已存在的倾向性得到加强,使一种观点或态度从原来的群体平均水平加强到具有支配性地位的现象。社会干扰,又称社会促退,它是指个人在完成某种活动的过程中,因为他人在场或者环境而产生紧张、焦虑的情绪,从而降低绩效的现象。社会助长也称社会促进,指个人对别人的意识,包括别人在场、与别人一起活动或是在电子监控存在的情况下带来的行为效率的提高。

9. 运动员进行比赛,如果旁边有观众加油,运动员发挥得更好了,这种现象属于(　　)【华南师范大学 2016】

A. 服从　　　　　B. 从众　　　　　C. 社会干扰　　　　　D. 社会助长

【答案】D

【考点】社会心理学;社会影响;群体影响。

【解析】服从是指个体在他人和群体的直接命令下产生的某种行为的倾向。从众是指个体在真实的或者想象的团体压力下改变行为与信念的倾向。社会干扰是指个体在从事某项活动时,他人在场会干扰活动的完成、抑制活动的效率的现象。社会助长是指个体在从事某项活动时,他人在场会促进活动的完成、提高活动的效率的现象。

10. "一个和尚挑水喝,两个和尚抬水喝,三个和尚没水喝"是一种典型的(　　)现象。【江西师范大学 2011】

A. 社会惰化　　　　　B. 社会极化　　　　　C. 社会分化　　　　　D. 社会同化

【答案】A

【考点】社会心理学;社会影响;群体影响。

【解析】社会惰化,又称社会逍遥,指群体一起完成一件事情,个人所付出的努力比单独完成时偏少的情况。社会极化是指群体成员中原已存在的倾向性得到加强,使一种观点或态度从原来的群体平均水平加强到具有支配性地位的现象。

二、多项选择题

1. 人们抵制态度改变的方法包括(　　　)【西南大学 2014】

A. 恢复认知失调 　　　　　　　　B. 贬损信息来源

C. 歪曲信息 　　　　　　　　　　D. 改变行为

E. 他人评价

扫一扫,看视频

【答案】BC

【考点】社会心理学;社会影响;态度改变。

【解析】态度改变的自我防卫策略有:①笼统拒绝:无逻辑性地去反对或攻击新的观点,只表现不相信。②贬损来源:通过某种方式判定信息来源的不可信,以此缓解压力。③歪曲信息:误解传达的信息,减少其与自己之间的差异。④论点辩驳:人们指出传达信息的不足或根据的缺乏,降低传达信息的可信性,从而缓解压力。⑤合理化作用及其他防御方式:通过增加新的认知因素来减少认知失调感,使自己的态度与行为合理化,减少心理压力。

三、名词解释

1. 群体凝聚力【华南师范大学 2015】

【答案】群体凝聚力也称群体内聚力,它是指群体对个体成员的吸引力或使群体成员愿意留在群体的力量。包括群体对其成员的吸引力和群体成员之间的相互吸引力这两个方面。它既可以给群体和个人带来正性力量,也可以带来负性力量。影响因素有以下六点:领导者及领导方式、群体目标和个人目标的一致性、群体间成员的相似性、群体规模、群体活动的目标结构以及群体的外部压力。

2. 社会助长【华南师范大学 2013;天津师范大学 2012】

【答案】社会助长又称社会促进,是社会影响的方式之一,是指人们在从事简单或熟练的任务时,如果有观察者在场(观众效应),或者有竞争者(合作者效应)在场,将会激发起优于独处时的表现的倾向。但是对于复杂或不熟悉的任务,情况则相反,常会出现表现较差的情形。对于人类,关心他人意见者,以及在不认识观众的情况下,这种效应表现得最为强烈。

3. 社会惰化【华南师范大学 2014】

【答案】社会惰化也称社会逍遥,是指在群体一起完成一件事时,个人所付出的努力比单独完成时偏少的现象。社会惰化现象不仅在社会情境中出现,也会发生在人们完成社会认知任务的时候。另外,它也是一种跨文化现象,在集体主义社会中,社会惰化没有个人主义社会强。社会惰化产生的原因包括社会评价的减弱、社会认知的偏差和社会作用力的分散,减少社会惰化的方法有对个体进行单独评价、使个体提高对社会群体的认识和控制社会群体的规模。

4. 旁观者效应【上海师范大学 2016】

【答案】当有其他人存在时,人们不大可能去帮助他人;旁观者越多,帮助的可能性越小,同时给予帮助前的延迟时间越长。

5. 光圈效应【华南师范大学 2015】

【答案】光圈效应也叫光环效应、晕轮效应或是成见效应,它的意思是:人们对一个人形成了某种印象后,这种印象会影响对他其他特质的判断,人们会习惯以与这种印象相一致的方式去评估其所有的特征或特点,一个人如果被标明是好的,他就会被一种积极肯定的光环笼罩,并被赋予一切都好的品质;如果一个人被标明是消极的,他就会被一种消极否定的光环笼罩,并认为具有各种不良品质。

扫一扫,看视频

6. 群体极化【华中师范大学 2014、2016】

【答案】群体极化指的是通过群体讨论使得成员的决策倾向更趋向极端的现象。当成员最初的意见保守时,通过群体讨论后将更加趋于保守;当成员最初的意见倾向于冒险时,群体讨论后将使结果更加冒险。

7. 冒险转移【湖南师范大学 2016】

【答案】人们在独自进行决策时,愿意冒的风险较小,倾向于较为保守的成功可能性较大的行为。而如果改由群体共同决策,则最后的决定会比个人决策时有更大的冒险性。这种群体决策比个人决策更具有冒险性的现象,就称为"冒险转移"。

8. 社会化【首都师范大学 2012;南开大学 2012】

【解析】社会化是指个体学会其所在社会群体的信仰和价值观的过程,也是个体学会调整其行为以满足其他社会群体成员的期望的过程,也是反作用于社会的过程。

9. 交互社会化【湖南师范大学 2016】

【答案】交互社会化指的是社会化中的逆向社会化,是一种双向的过程,晚辈向长辈传授文化规范和知识,长辈向晚辈传授文化传统和社会经验。

10. 去个性化【山东师范大学 2013】

【答案】去个体化是指个体丧失了抵制从事与自己内在标准相违背的行为的自我认同,做出了一些平常自己不会去做的反社会行为,是个体的自我认同被团体认同所取代的直接结果。

扫一扫,看视频

11. 认知失调【华中师范大学 2015】

【答案】费斯廷格提出了"认知失调"这个词语,用来表示:当个体的态度之间或态度和行为之间不一致时,会产生不愉快的感觉。

四、简答题

1. 什么是社会懈怠?其影响因素是什么?在组织中如何减少这种影响?【北京大学 2013】

【考点】社会心理学;社会影响;群体影响。

【解析】社会懈怠又叫社会惰化,是指一个人在团体中所发挥的努力或作用小于一个人单独做事时的努力和作用的现象,例如拔河比赛中一队 6 个人的总力量小于 6 个人单独发力时的力量和。

根据实验研究发现,社会懈怠的主要原因是个体在团体中的努力没有被单独评价,降低了个体的评价顾忌。如果要降低组织中的社会懈怠,就需要使个体的作业成绩可以被识别,并且严格地对个体进行评价。

2. 什么叫从众,其原因是什么?【北师范大学 2015;北京大学 2014;华中师范大学 2015;天津师范大学 2014;上海师范大学 2014、2016;东北师范大学 2011;曲阜师范大学 2011】

扫一扫,看视频

【考点】社会心理学;社会影响;从众。

【解析】从众是指个人的观念或行为由于群体直接或隐含的引导或压力向与大多数人一致的方向变化的现象。关于从众的原因,有以下几种:

①行为参照:作为社会属性的人,在许多情境中由于缺乏知识、经验不能做出明确的选择。根据社会比较理论,人们会选择一定的参照系统,而多数人的行为就变成了最可靠的系统。

②偏离恐惧:如果一个人表现得过于突出或者偏离群体的一般情况,就会面临群体强大的压力乃至制裁,因此大部分人对于偏离都有恐惧感,一旦偏离就会产生焦虑。

③人际支持:根据自我价值定向理论,人的自我价值首先来自于社会支持。因此,无论人归属于哪个群体都会期望在群体中获得认可,并且维持与他人的良好关系,于是人们在必要的时候就必须改变自己的行为和态度以保持与大多数人的一致。

3. 请举例说明费斯廷格的认知失调理论。【北京大学 2014;山东师范大学 2011】

扫一扫,看视频

【考点】社会心理学;社会影响;态度。

【解析】认知失调理论是一种认知一致性理论,由费斯廷格提出。认知失调是指由于做了一项与态度不一致的行为而引发的不舒服的感觉。费斯廷格认为,通常人们的态度和行为是一致的,但有时候态度和行为也会有不一致的情况,于是就会产生认知失调。例如,司马紫衣一直认为抽烟影响健康,从不抽烟,但最近司马紫衣开始抽烟了,于是有时候会觉得很别扭。费斯廷格认为,为了克服认知失调带来的紧张,人们需要采取一些办法来减少认知失调。方法如下:

①改变态度:司马紫衣可以改变对吸烟的态度,认为适度吸烟其实对健康影响不大,于是态度和行为重新协调起来。

②增加认知:司马紫衣发现吸烟能够让人放松、提神,还有助于保持体型,于是态度和行为的不一致性降低了。

③改变认知的重要性:司马紫衣觉得健康是一件复杂的事情,吸烟的危害并不比其他行为诸如喝酒、熬夜大,因此认知失调造成的不舒服感下降了。

④突出被迫感:司马紫衣的吸烟是因为领导递烟造成的,不得不吸,在其他时候并不吸烟,于是认知失调也没那么严重了。

⑤改变行为:司马紫衣决定通过戒烟来降低不舒服感。

【备注】北京大学 2014 年把这个题目作为简答题来考,但山东师范大学 2011 把这个题目作为论述题来考。

4. 简述影响群体凝聚力的因素。【南开大学 2016】

【考点】社会心理学;社会影响。

【解析】群体凝聚力是指群体对其成员的总吸引力水平。凝聚力是一个群体整体性的特点,基于群体中每个成员对群体的承诺。群体的凝聚力越高,个体对群体的依附性和依赖心理越发强烈,越容易对自己所属群体有强烈的归属感。

有很多因素会影响凝聚力:

①当群体成员之间互相喜欢对方,彼此之间有很强的友谊时,群体的凝聚力就高。实际上,研究者会通过测量成员之间的喜欢程度来测量凝聚力。

②群体的有效性和和谐性。我们毫无疑问会喜欢一个高效率的群体,而不是一个浪费时间和能力的群体。因此,任何能提高群体满意度和士气的东西都能提高群体凝聚力。

③群体的凝聚力还取决于群体目标与个体目标的匹配程度,以及群体达到目标的成功程度。研究发现,与成功的群体相比,失败群体的成员变得跟群体更加疏远,例如不会穿戴群体的服装,佩戴相应标识。

④使群体成员不能离开群体的力量也会影响凝聚力。有些时候人们不离开群体是因为成本太高或者缺乏其他选择。

五、论述题

1. 何谓态度? 评述态度形成的主要理论。【华南师范大学 2013】

【考点】社会心理学;社会影响;态度。

【解析】(1)态度是个体对特定对象的总的评价和稳定的反应倾向,由认知、情感、行为意向三因素组成。其中,情感成分往往占主导地位,决定态度的基本取向和行为倾向。态度的特征包括以下几点:

①主体内在性:态度总是一定主体的态度,并具有内在性。

②对象性:态度有一定的指向对象。

③评价性:评价性是最核心的特征。

④持续性和情境性。

⑤功能性:态度有认知功能和社会适应功能。

(2)态度形成的主要理论。

①态度学习论

态度形成的学习论认为,态度是个体通过联结学习、强化学习、观察学习习得的。

a. 态度的联结学习建立在经典条件反射理论的基础上,认为当条件刺激和无条件刺激配对多次呈现时,条件刺激获得了无条件刺激所具有的评价性意义。斯塔茨夫妇在"态度是经由经典条件反射习得"的实验中,发现当中性刺激和积极性刺激配对呈现 18 次后,被试对原先中性刺激的反应变得积极,原先中性刺激则获得了积极性评价。

b.态度的强化学习建立在操作条件反射理论基础上,认为可以运用强化原理来解释态度的形成。当个体的某些行为得到他人赞许时,就获得了强化,使个体产生了积极的情感体验,从而表现出对该行为的积极态度;反之,如果个体的行为受到惩罚,使个体产生消极的情感体验,则会表现出对该行为的消极态度。

c.态度的观察学习,强调模仿在态度形成中的重要作用。认为态度是通过模仿形成的。例如,在成长过程中,学生对很多事情的看法和评价,都是模仿父母、教师或同伴的言谈举止、为人处世等,同时也是模仿成人的价值观和人生态度而形成的。

②态度分阶段变化理论

凯尔曼从认知的角度研究了态度的形成过程,提出了态度形成的三阶段学说。

a.模仿或服从阶段

这是态度形成的开始阶段。态度的形成开始于两个方面:一是模仿;二是服从。

首先,人们都有模仿和认同他人的倾向。其次,服从是人们为了获得某种物质或精神上的满足,或为了避免惩罚而表现出来的一种行为。导致服从的外界影响主要有两种:一种是在外力的强制下被迫服从,另一种是受权威的压力而产生的服从。

b.同化阶段

态度在这一阶段已从被迫转入自觉接受。这时,态度形成的动机是因为同化者希望自己成为与施加影响者一样的人。

c.内化阶段

内化是态度形成的最后阶段。个体的内心已真正发生了变化,接受了新的观点、新的情感和新的打算,彻底形成了新的态度。不再需要榜样来学习。态度进入这个阶段之后,就比较稳固。

态度的形成,并非所有的人对所有的态度都完成这一全部过程。

③态度的认知不协调理论

费斯廷格认为,认知是个体对环境、他人及自身行为的看法、信念、知识和态度的总和。当个体的认知因素之间出现不一致时,就会产生不协调的心理紧张和动机状态,解决不协调的总原则是增进一致性,其中一种方法就是改变原先的态度,形成新的态度,使其符合自身的行为。

④态度的认知平衡理论

美国社会心理学家海德认为客观事物都是相互作用、相互联系的,事物之间相互影响而组成了单元或系统。如果在客观事物单元或系统的各个部分或方面具有相同动力特征,那么这些单元或系统就是平衡的,就没有促使个体态度变化的压力,反之不平衡就会有压力,有压力就会促使人去寻求态度变化以实现平衡。

2.介绍态度改变的说服理论。【华南师范大学 2014】

【考点】社会心理学;社会影响;态度改变。

【解析】在日常生活中,人们常会遇到试图说服别人和被别人说服的情形,从而时时会有态度方向的转变和强度的增减。显然态度的改变更多是在说服性沟通中完成的。这里,以改变人的态度为目标的沟通就是说服性沟通。20世纪40年代以来,社会心理学家就说服性沟通进行了许多理论和实证研究,提出了有关态度改变的说服模型。其中较为著名的有霍夫兰的态度改变-说服模型、陪逖和卡司欧泊提出的说服的双加工模型。

霍夫兰的态度改变-说服模型:霍夫兰指出,任何一个说服的过程,都是从"可见的说服刺激"开始的。在霍夫兰的模型中,发生在接受者身上的态度改变要涉及说服者、沟通信息、被说服者和情境四个方面的要素。其中,沟通信息是态度转变的直接原因。

影响说服效果的因素:

(1)说服者的特征。说服者的威信、立场、意图及吸引力是影响说服效果最为重要的因素。

(2)信息传递的方式。信息差异、信息倾向性(文化水平高,卷入深,提供正反两面的信息效果好;文化水平低,卷入浅,单一倾向的信息效果好)、信息提供方式(口头比书面效果好,面对面比大众传媒效果好)。

(3)被说服者的特征。被说服者的人格特征(自尊高、自信的不易改变,高社会赞许动机的易改变)、对原有态度的自我涉入程度和心理预防会影响到说服效果。

(4)情境因素。任何说服性沟通都是在特定的情境中进行的,说服效果会因情境的不同而有所差异。预先警告使被说服者抵制传递的信息而影响说服效果;分心会阻碍沟通,削弱说服效果。

陪逖和卡司欧泊提出的说服的双加工模型:陪逖和卡司欧泊在研究影响说服效果的各因素的相互关系时指出,存在两种说服路径:中心路径和外周路径。外周路径的说服建立在与说服内容性质或品质无关或额外的因素上,此时接受者不花时间,也不努力来考虑劝说信息的内容或含义。中心路径的说服是建立在论据的逻辑性和强度上,当接受者仔细思考论据时,需要一定的认知努力来琢磨信息的含义,也就是关注话题本身。有两个因素制约中心路径说服的产生。一是接受者的动机。接受者愿不愿意、有没有兴趣来琢磨这一信息。二是接受者的能力。对于一些涉及高深知识的信息,我们只能是"外行看热闹",另外,如果注意力分散,也将使中心路径的说服不能产生。中心路径的加工比外周路径的加工对态度改变的持久性的影响更强烈。

3. 屠杀犹太人的战犯在受审过程中,一再强调自己是一个不喝酒,不抽烟,不玩弄女人的好男人,自己的所有行为都是照指令行事。在对屠杀犹太人的所有事件中,所有协议都是由他签署实施的。

(1)结合社会心理学理论,分析该战犯的行为。

(2)为防止这类灾难的发生,请给出你的建议和策略。【苏州大学2016】

【考点】社会心理学;社会影响;服从。

【解析】从服从权威的角度来分析

(1)服从指的是在他人和群体的直接命令下产生某种行为的倾向。命令者越权威,命令者越靠近当事人,受害者离当事人越远,当事人的服从率就越高。另外,服从一旦开始,就会身不由己地继续下去。可以结合米尔格莱姆的实验来阐述。

（2）言之有理即可。如：

①不要迷信权威专家，对权威有辩证认识。

②增加个体社会责任感。

③广开言路，允许社会对同一事件有不同声音的存在，启发民智。

4. 论述：影响说服的因素有哪些？【浙江师范大学 2012】

【考点】社会心理学；社会影响。

【解析】影响说服的因素有：

（1）说服者的因素。

①专家资格：在相关领域具有专长的人在说服他人的时候比较有效。

②可信度：说服者是否值得他人信任，即他是否可靠会对说服效果产生影响。如果人们认为说服者能从自己倡导的观点中获益，人们就会怀疑说服者的可信度，即使他的观点很客观人们也不太相信。当说服者反对与自身利益相同的立场时，说服效果最大。

③受欢迎程度：人们经常会改变自己的态度使其与自己喜欢的人一致，而说服者是否受人欢迎却由三个方面的因素决定：说服者的外表、是否可爱以及与被说服者的相似性。一般说来，外表漂亮的人在说服方面更有优势。一个可爱的人往往是吸引人的，而吸引人的特征可以提高他的说服力。相似性也是人际吸引的重要基础，所以它也有助于态度的改变。

（2）说服信息的因素。

①态度差异：一般说来，差距越大促使态度改变的潜在压力越大，实际的态度改变也较大。但是它们之间的关系并非如此简单，差异越大的确会产生很大的压力，但不一定会产生很大的态度改变。有两项因素对这种关系有影响：第一，当差距过大时被说服者会发现自己的态度不可能改变到消除这种差异的地步；第二，差异太大会使人产生怀疑，从而贬低信息而不是改变态度。

②恐惧感：随着信息唤起的恐惧感的增加，人们改变态度的可能性也增加。但是当信息唤起的恐惧感超过某一个界限之后，那么人们可能会采取防御措施否定该威胁的重要性，无法理性地思考该问题，因而态度不发生改变。

③信息的呈现方式：包括说服所使用的媒体以及单面与双面说服。从媒体的角度讲，大众传媒加上面对面交谈的效果要好于单独的大众媒体。在阐述复杂信息的时候，不生动的媒介的效果好；而当信息简单的时候，视觉最好，听觉次之，书面语最差。

④信息的呈现顺序和关联性：在单加工模型中，先呈现的信息有可能成为评判后续信息的推断依据，从而影响说服过程。信息呈现顺序同样也会影响双面说服的效果。

（3）被说服者的因素。

①被说服者的人格特征：包括个体的可说服性、智力、自尊。自尊心较弱的人往往对自己的不足之处很敏感，不太相信自己，因而易被说服。

②被说服者的心情：心情好的时候更容易接受他人说服性的观点。

③被说服者的卷入程度：卷入是种动机状态，它指向与自我概念相联系的态度，卷入越深，

第六部分

态度改变越难。

④被说服者的动机水平:被说服者的动机水平也会影响说服过程。

⑤被说服者自身的免疫情况:过多的预先说服会使被说服者产生免疫力,从而使态度改变变得困难。

⑥个体差异:即使面对同样的信息和同样的说服者,人们对待说服的反应也不同。个人的差异因素主要包括:认知需求,高认知需求的人喜欢从事复杂的认知任务,他们会分析情境,对认知活动作出细微的区分;自我检控,被说服者的自我检控程度也影响说服的效果,高自我检控的人对外界的线索敏感而低自我检控的人对自己内在的要求更加关注;年龄差异,研究发现处于青少年时期到成人早期这一阶段的个体容易对他人的说服敏感。

⑦自我在说服中的角色:自己寻找说服原因要比说服者提供原因更有效。

(4)劝导情境的因素。

①分心:分心降低了强有力信息的说服力,提高了无力信息的说服力。

②情境的强化作用:人们习惯对积极刺激产生肯定的态度体验,对消极刺激产生否定的态度体验。如果将说服信息与一些积极的强化刺激联系起来则态度改变的可能性会提高。

5.“双11”即指每年的11月11日,由于日期特殊,又被称为光棍节。从2009年开始,以淘宝为代表的大型电子商务网站一般会利用这一天来进行一些大规模的打折促销活动。回顾历年“双11”,其成交额都呈现几何级数增长。2014年11月12日零点,阿里巴巴报告厅巨型电子屏幕将成交总额锁定在571.12亿元,新的网上零售交易记录诞生,总共有217个国家和地区参与了今年的“双11”活动。请基于心理学相关理论,对以上现象进行分析。【四川大学2015】

【考点】社会心理学;社会影响。

【解析】由阿里巴巴所组织的“双11”活动之所以能够成功来源于两个心理现象:条件反射和从众。

(1)打折促销对于消费者而言是一种很强的强化作用,而阿里巴巴将大规模的打折促销与“双11”结合在一起,是应用普雷马克原理将购物和时间形成了另一种强大的联结,促使人们对“双11”产生期待,在“双11”的那一天进行疯狂购物。

(2)“双11”疯狂的宣传和历年的影响又对消费者构成了一种强大的影响力,使消费者产生了强大的从众心理。

①偏离恐惧逼迫购物。当身边的朋友、同事、同学都在“双11”购物,都在谈论购物的乐趣和购买的产品时,害怕脱离人群、无法融入群体的焦虑感就会侵袭个体,于是人们就会不由自主地去购买一些物品。在集体主义文化中,这种无形的偏离恐惧的压力会更大。

②行为参照影响购物。当所有人都认为“双11”的物品会便宜的时候,消费者会不自觉地相信这一点,于是将本来正常的购物行为延迟到这一天。

③人际适应影响购物。当家人为了省钱而要求消费者推迟购物选择时,根据自我价值理论,人们为了维系情感,获得他人的支持,也会不得不将购物行为延迟至“双11”。

第三章　社会关系

一、单项选择题

1. 外貌好的人往往其他方面也被人作较高的评价,这种现象属于(　　)【西南大学 2014】

　　A. 刻板印象　　　　　B. 近因效应　　　　　C. 第一印象　　　　　D. 光环效应

【答案】D

【考点】社会心理学;社会关系;印象。

【解析】刻板印象也称类属性思维,是指人们通过整合有关信息以及个人经验形成的一种针对特定对象的既定的认知模式。近因效应是指当人们识记一系列事物时对末尾部分项目的记忆效果优于中间部分项目的现象。在与陌生人交往的过程中,所得到的有关对方的最初印象称为第一印象。晕轮效应又称"光环效应",是指当认知者对一个人的某种特征形成好或坏的印象后,他还倾向于据此推论该人其他方面的特征。

2. 第一印象形成中最重要的维度是(　　)【西南大学 2014】

　　A. 力量　　　　　　　B. 活动向度　　　　　C. 好恶评价　　　　　D. 智慧

【答案】C

【考点】社会心理学;社会关系;印象。

【解析】好恶评价是第一印象形成中最重要的维度。人们根据三个基本的维度进行评估,即评价、力度、活动向度。其中,评价维度在印象形成中最为重要。人们往往根据社会的和智慧的品质去评价他人。

3. "情人眼里出西施"是一种(　　)【江西师范大学 2014】

　　A. 刻板印象　　　　　B. 性别印象　　　　　C. 首因效应　　　　　D. 光环效应

【答案】D

【考点】社会心理学;社会关系;印象。

【解析】光环效应(晕轮效应)是指当认知者对一个人的某种特征形成好或坏的印象后,他还倾向于据此推论该人其他方面的特征。最初获得信息的影响比后来获得信息的影响更大的现象,称为首因效应;人们通过自己的经验形成对某类人或某类事较为固定的看法称为刻板印象。

4. 追星族对歌星的崇拜属于社会认知中的(　　)【西南大学 2014】

　　A. 晕轮效应　　　　　B. 积极性偏差　　　　C. 证实偏差　　　　　D. 刻板印象

【答案】A

【考点】社会心理学;社会关系;印象。

【解析】晕轮效应又称"光环效应",是指当认知者对一个人的某种特征形成好或坏的印象

第六部分

后,他还倾向于据此推论该人其他方面的特征。个体在评价他人时,往往更多地对他人作出积极的、肯定的评价,即评价他人时总有一种特别宽大的倾向,这就是积极性偏差,也称"宽大效应"。证实偏差是指当人确立了某一个信念或观念时,在收集信息和分析信息的过程中,产生的一种寻找支持这个信念的证据的倾向。刻板印象也称类属性思维,是指人们通过整合有关信息以及个人经验形成的一种针对特定对象的既定的认知模式。

5. 人们通过整合有关信息及个人经验形成的一种针对特定对象的既定认知模型称为
(　　)【江西师范大学 2011】

　　A. 刻板印象　　　　B. 图式　　　　　　C. 偏见　　　　　　D. 错觉

【答案】A

【考点】社会心理学;社会关系;刻板印象。

【解析】刻板印象也称类属性思维,是指人们通过整合有关信息以及个人经验形成的一种针对特定对象的既定的认知模式。图式是通过认知经验发展起来的关于特定事物或概念的认知结构。偏见是指人们不以客观事实为根据建立的对特定的人或事物的情感色彩明显的倾向性态度。

6. 攻击是一种有意违背社会规范的(　　)【江西师范大学 2011】

　　A. 打人行动　　　　B. 骂人行动　　　　C. 伤害行动　　　　D. 敌意行动

【答案】C

【考点】社会心理学;社会关系;侵犯行为。

【解析】侵犯行为是一种有意违背社会规范的伤害行动,也称攻击行为。敌意通常是一种态度状态,并不带来直接的可观察的伤害,而侵犯是会带来直接伤害或可能导致伤害性后果的行动。

7. 在一般情况下,去个性化状态和个体侵犯行为之间的关系是(　　)【江西师范大学 2014】

　　A. 零相关　　　　　B. 负相关　　　　　C. 正相关　　　　　D. 不确定

【答案】C

【考点】社会心理学;侵犯行为。

【解析】心理学家认为,去个性化状态使人最大限度地降低了自我观察和自我评价的意识,降低了对社会评价的关注,通常的内疚、羞愧、恐惧等行为控制力量也都被削弱,从而使人表现出社会不允许的行为,使人的侵犯行为增加。

8. 利他行为是一种帮助他人的亲社会行为,其关键内涵在于(　　)【江西师范大学 2011】

　　A. 想获得好名声　　　　　　　　　　B. 希望有回报

　　C. 想给别人留下好印象　　　　　　　D. 不期望任何回报

【答案】D

【考点】社会心理学;社会关系;利他与亲社会。

【解析】助人行为特指以特定的个人或群体为对象的亲社会行为,其中无个人动机,不期望任何回报的助人行为被称为利他行为。

9. 其他人在场降低了人们助人为乐行为的可能性,这被称为(　　)【西南大学 2014】

A.旁观者效应　　　　B.责任分散　　　　C.从众效应　　　　D.社会干扰效应

【答案】A

【考点】社会心理学；社会关系；利他与亲社会。

【解析】旁观者效应指在紧急情况下，由于有他人在场而没有对受害者提供帮助的情况。在紧急事件中，由于有他人在场对救助行为产生了抑制作用。责任分散是指对某一件事来说，如果是单个个体被要求单独完成任务，责任感就会很强，会作出积极的反应。但如果是要求一个群体共同完成任务，群体中的每个个体的责任感就会很弱，面对困难或遇到责任往往会退缩。从众效应，也称乐队花车效应，是指当个体受到群体的影响(引导或施加的压力)，会怀疑并改变自己的观点、判断和行为，朝着与群体大多数人一致的方向变化。社会干扰，又称社会促退，指个人在完成某种活动的过程中，因为他人在场而产生紧张、焦虑的情绪，从而降低绩效的现象。

10. 不同个体为同一目标展开竞争，促使某种只有利于自己的结果得以实现的行为称为( )【江西师范大学2011】

A.合作　　　　B.竞争　　　　C.冲突　　　　D.威胁

【答案】B

【考点】社会心理学；社会关系；合作，竞争与冲突。

【解析】合作是指不同个体为了共同的目标而协同活动，促使某种既有利于自己，又有利于他人的结果得以实现的行为或意向。竞争是指不同的个体为同一个目标展开争夺，促使某种只有利于自己的结果得以实现的行为或意向。冲突是个体或群体感受到另一方的不利于自身利益的行为并进行反击的现象。

二、名词解释

1. 印象管理【华中师范大学2014】

【答案】印象管理指的是目标导向的有意识的或者无意识的过程。人们试图通过在社会互动中管制或者控制信息来影响其他人对一个人、一件事或者一个物的看法。

2. 旁观者效应【华南师范大学2014；南开大学2013】

【答案】旁观者效应是指随着旁观者人数的增多，利他行为有减少的趋势，或者说，他人在场对个体的利他行为所产生的抑制作用。一般我们认为，在需要提供帮助的场合，在场的他人越多，个体采取行动的可能性越大，"人多胆壮""人多保险"。但旁观者效应告诉我们，事实也有可能正好相反。旁观者效应产生的原因有四个，分别是：责任扩散、情景错觉、评价恐惧和角色期望。

3. 人际沟通【苏州大学2016】

【答案】人际沟通就是社会中人与人之间的联系过程，即人与人之间传递信息、沟通思想和交流情感的过程。

4. 亲社会行为【苏州大学2014】

【答案】亲社会行为是指任何自发性地帮助他人或者有意图地帮助他人的行为，包括利他行为和助人行为。

5. 亲社会的侵犯行为【吉林大学 2013】

【答案】亲社会的侵犯行为是指以伤害他人为手段,来满足社会期望或者保护他人、群体或社会利益的行为,例如警察击毙正在逃窜的罪犯。

三、简答题

1. 请简述社会关系中偏见的概念及其特征。【江西师范大学 2014】

【考点】社会心理学;社会关系;偏见。

【解析】偏见指人们不以客观事实为根据建立的对特定的人或事物的情感色彩明显的倾向性态度。人们日常生活中提及的偏见,通常都是指负面的态度倾向。

偏见的特征:

(1)偏见是以有限的或错误的信息来源为基础。如人们根据少数人的特点来推测所有群体成员的特点。因此具有片面性。

(2)认知成分是刻板印象。因此具有刻板性。

(3)有过度类化的现象,类似晕轮效应(光环作用)。因此具有以偏概全的特点。

(4)有先入为主的判断。对一些事物往往会过早地下结论,因此具有主观性。

2. 简述偏见的来源。【华中师范大学 2016】

【考点】社会心理学;社会关系;偏见。

【解析】偏见指人们不以客观事实为根据建立的对特定的人或事物的情感色彩明显的倾向性态度。对于偏见的来源,不同的理论有不同的解释。

扫一扫,看视频

(1)团体冲突理论。

该理论认为为了争得稀有资源,如工作或石油等,团体之间会有偏见的产生,从这一点上来看,偏见实际上是团体冲突的表现。

(2)社会学习理论。

该理论认为偏见是偏见持有者的学习经验。在偏见的学习过程中,父母的榜样作用和新闻媒体宣传效果最为重要,儿童的种族偏见与政治倾向大部分来自父母。

(3)认知理论。

该理论用分类、图式与认知建构等解释偏见的产生,认为人们对陌生人的恐惧、对内团体与外团体的不同对待方式以及基于歧视的许多假相关等都助长了我们对他人的偏见。

(4)心理动力理论。

该理论用个人内部的因素解释偏见,认为偏见是由个体内部发生、发展的动机性紧张状态引起的。

3. 解释刻板印象威胁,并举例说明。【北京大学 2016】

【考点】社会心理学;社会关系;刻板印象。

【解析】当你置身于别人都预期你会表现得很差的情境之中,你的焦虑可能会致使你证实这一信念。克劳德·斯蒂尔称这一现象为刻板印象威胁,即一种自我验证的忧虑,担心有人会依据负面刻板印象来评价自己。有研究表明,刻板印象威胁破坏表现水平有几种可能的原因:①刻板印象威胁令人心烦意乱:不理会其说法需要付出努力,这会增加心理负担,降低工作记忆;②影响动机:担心犯错的动机可能会损害一个人的表现;③生理唤醒伴随着刻板印象威胁而生,会妨碍人们在困难任务中的表现。另有研究发现,正面的刻板印象也会提高成绩。

在美国,有研究者请一些拥有相同数学背景的男女大学生做数学测验。如果告诉学生这个测验本身没有性别差异,不会对任何群体刻板印象作评价时,女生的成绩始终与男生相同。一旦告诉学生存在性别差异,女生就会戏剧性地使这种刻板印象得以验证。当遇到难度很大的题目而受挫时,她们明显感到格外担忧,影响了她们的成绩。

4. 简述侵犯行为的影响因素。【北京师范大学 2016;华南师范大学 2015;东北师范大学 2012;山东师范大学 2014】

【考点】社会心理学;社会关系;攻击。

扫一扫,看视频

【解析】侵犯行为也称攻击行为,是一种有意违背社会规范的伤害行为。其影响因素有以下几点:

(1)个人因素。

①A 型人格:A 型人格非常有竞争意识,更能为成功而奋斗;有时间紧迫感,行事匆忙;遇事特别容易生气以及攻击性比较强。因此更具有侵犯性。

②敌意归因偏差:当我们的归因有偏差时,通常不会把他人的动机归因为善意的,而是做出恶意归因,继而可能做出报复性的侵犯行为。

③性别差异:一般而言,男性比女性更具有侵犯性。男性的攻击多为身体侵犯行为,而女性的攻击多为言语侵犯和其他间接的侵犯行为。

(2)情境因素。

①高温:侵犯行为与温度呈倒 U 型曲线关系。

②酒精与药物:大剂量的酒精会使人们对周围环境以及侵犯后果的意识程度降低,以致于他们表现出更多的侵犯行为。药物对侵犯行为的影响非常显著,但是其作用的方向取决于药物的种类、剂量的大小以及被试的状态。

③唤醒水平:沙赫特和辛格提出的情绪二因素论把情绪体验分为生理唤醒以及认知唤醒。个人的情绪唤醒水平会直接影响到他的侵犯行为。

(3)社会因素。

①去个性化:个体在群体中自我同一性意识下降,自我评价和控制水平降低的现象。在群体中,一旦去个性化状态出现,个人的行为就会较少受自己的个性支配,责任意识会明显丧失,而倾向于跟随整个群体的状态。群体的规模越大,凝聚力越强,越容易引发人的去个性化状态。

②媒体暴力:是指大众媒体(包括电影、电视、报刊、网络等)传达的暴力内容对人们的正常

生活造成负性影响的现象。根据社会学习理论,媒体上的暴力易被观众当作榜样来模仿,引发侵犯行为。

5.简述旁观者效应产生的原因。【华南师范大学 2013】

【考点】社会心理学;社会关系;助人行为。

【解析】(1)旁观者效应是指随着旁观者人数的增多,利他行为有减少的趋势;或者说,他人在场对个体的利他行为所产生的抑制作用。

扫一扫,看视频

(2)旁观者效应的影响因素。

①责任扩散:是指在某种需要给予帮助的场合,帮助他人的责任扩散到每个人身上,从而对利他行为产生干扰作用。在场的人数越多,每个人的责任越小,利他行为也就越受到抑制。

②情境错觉:在紧急情况发生后,如果其他人都镇静自若、没有反应,个体就会产生情境中没有什么危险发生的错觉,也会平静下来不予理睬。

③评价恐惧:有他人在场的时候,个人会因为他人对自己的注视和评价而觉得不安,害怕自己在他人眼里成为一个傻瓜。因为评价恐惧,大家都不想成为第一个示范者,而在等待着另一个示范者出来,然后再以此决定自己的行为。

④角色期望:当有旁观者在场,个体往往会期待符合角色(如医生等)的帮助者。有的人有帮助他人的愿望,但觉得自己缺乏助人的能力而犹豫不前,因此期待有更合适的角色出来。

6.简述人际交往的原则。【华南师范大学 2015;西南大学 2014】

【考点】社会心理学;社会关系。

【解析】人际交往是指社会上人与人之间相互作用和影响的一切行为过程。主要包含以下原则:

(1)真诚原则:人作为社会的动物,需要自己在物理环境和社会环境上都处于一个安全的境地。真诚使人们对于与自己交往的人的行为有明确的预见性,因而更容易与其建立安全感和信任感。

(2)交互原则:人际关系的基础是人与人之间的相互支持,人际交往当中的喜欢与厌恶、接近与疏远是相互的。

(3)功利原则:人际交往本质上是一个社会交换的过程,人们在交往中总是在交换着某些东西,或是物质,或是情感,或是其他。在这种社会交换中,人们都希望交换对于自己来说是值得的,希望在交换过程中得大于失或至少等于失。

(4)自我价值保护原则:根据自我价值定向理论,保护自我价值不受威胁和提高自我价值,是个人先定的优势心理倾向。研究证明任何一个人,其心理活动的各个方面,从知觉信息的选择到内部的信息加工,从对行为的解释到人际交往,都具有明显的自我价值保护倾向。

(5)情境控制原则:人们对新的情境的适应过程也是对情境逐渐实现自我控制的过程。情境不明确,或不能对情境进行把握,会引起机体的强烈焦虑,并处于高度紧张的自我防卫状态,从而使人们倾向于逃避这样的情境。

7.简述"爱情三角理论"。【吉林大学 2013】

【考点】社会心理学;社会关系;利他与亲社会。

第六部分

【解析】斯腾伯格提出了爱情三角理论。他认为所有的爱情都应含有三要素：

①亲密是指彼此依附亲近的感觉，包括爱慕和希望照顾爱人，通过自我暴露、沟通内心感受和提供情绪上、物质上的支持来达成。

②激情是指反映浪漫、性吸引力的动机成分，包括自尊、支配等需求。

③承诺是指与对方相守的意愿及决定。短期来说是指去爱某个人的决定，长期来说则是指维持爱情所做的持久性承诺。

这三要素分别代表了爱情三角形的三个顶点，三角形的面积越大，代表爱情的程度越深。若三角形的形状越不像正三角形，则表示三要素中的其中一个要素被特别凸显，这种爱情越不均衡。

8. 简要回答沟通的结构的基本要素及其关系。【南京师范大学 2015】

【考点】社会心理学；社会关系。

【解析】沟通是信息交流的过程，信息发出者先对信息进行编码，将其转化为信号形式（例如声音，文字），然后通过媒介（通道）传送到信息接收者处，信息接收者对收到的信息进行编码。至此，就实现了信息在个体之间的传递。

巴克尔描述了沟通过程的七个要素，包括信息源、信息、通道、信息接收者、反馈、障碍和背景等。

(1)信息源：信息源是沟通过程中的始发者，也可以称为信息发出者。

(2)信息：信息是沟通传递的内容。

(3)通道：从发送者到接收者之间形成的沟通回路需要经过一定的形式，才能实现信息的有效传递。这里信息传达的方式就是指通道。

(4)信息接收者：即接收信息的人，是沟通过程的终端。

(5)反馈：沟通中信息的接收者不断地将沟通的结果再回送给发出者，使其进一步调整沟通动作，从而形成一个沟通的回路，这个过程就是反馈。

(6)障碍：指会给沟通增加困难或使双方没能很好地完成沟通的因素。

(7)背景：沟通总是在一定的背景中发生的，任何形式的沟通，都要受到各种环境因素的影响。背景是针对沟通发生的环境而言的，它可以是影响沟通的任何因素。

9. 简述引起人际冲突的因素。【湖南师范大学 2014】

【考点】社会心理学；社会关系；冲突。

【解析】人际冲突是指两个或多个社会成员之间由于反应或期望的互不相容性而产生的紧张状态。引起人际冲突的因素有：

(1)竞争。

得到－失去的竞争情境引发了群体的冲突。竞争的双方具有共同目标，并且为了这个相同的目标都在努力着，那么任何阻碍他们朝着目标前进的障碍，他们都会试图去击败，因此双方都处于这样的关系中，会容易产生冲突。

(2)威胁。

冲突情境中的潜在威胁越大，冲突程度就越高，达成一个合作性的解决方案就越困难。威胁不仅不是应对冲突的有效方法,还会对冲突的发生和升级起推波助澜的作用。

（3）不公正感。

在人际交往或群际交往中,双方的收益与投入之比应该大致相同,双方的关系才能继续维持下去。在双方的投入相差无几的条件下,如果一方认为对方的收益和投入之比大于自己的收益与投入之比,就会产生不公平的感觉。冲突在这种情况下容易发生。

（4）知觉偏差。

社会群体间的冲突常常是由于知觉偏差引发的,刻板印象、偏见、群体极化、自我服务倾向等,都可能引起人们对其他群体的误解。

（5）个人因素。

这是能够引发冲突的另外一个潜在根源,其中包括个人的价值体系和个性特征两方面。人们是基于自己的价值观对事物和现象作出判断的,价值观系统的差异是引发冲突的一个重要深层原因;而某些个人特质可能更容易引发冲突,例如:A 型人格的人由于具有竞争性,在对待挫折情境时更容易产生攻击性和敌意,因此更容易与别人发生冲突。

10. 论述人际冲突的成因和解决方式。【北京师范大学 2014】

【考点】社会心理学;社会关系;冲突。

【解析】（1）介绍人际冲突的成因。（见上一题的解析,这里不赘述。）

（2）解决冲突的方法:

①进行接触。

②寻求共同目标。

③谈判。

谈判口可能削弱或损害认知与行为灵活性的因素包括:

a.反应性贬值:认为任何对对方有利的都对自己不利,也被称作"不相容知觉"。

b.认知启发:过度依赖显著信息和明显特征。

c.锚定效应:对初始付出的评价给予了过多的权重。

d.损失框架:因为过分聚焦于损失而导致错失达成协议的机会。

④引入第三方:和解,调停,仲裁。

四、论述题

1. 简述助人行为理论,结合实例说明助人的影响因素。【华南师范大学 2016;南京师范大学 2016】

【考点】社会心理学;社会关系;利他与亲社会。

【解析】（1）助人行为是指以特定的个人或群体为对象的亲社会行为。

（2）助人行为可以用以下几种理论来解释。

①先天论,由威尔逊提出,认为利他行为由遗传而来,是人类天生的本性。

②**社会进化论**，由坎贝尔提出，认为社会因素比生物因素更重要。人类文化与文明的历史发展中，人类将选择性地进化本身的技能、信念和技术。助人行为是遍布于整个社会的行为，因此在进化中也得到了提高。

③**动机论**，由斯陶布提出，认为利他行为的价值取向是助人行为的动机，而利他行为价值取向体现为两种性质的动机：一是以帮助他人为中心的利他主义动机，二是以规则为中心的、以道德取向为特征的动机。

④**决策论**，由施瓦茨提出，强调内化了的知觉规范能产生道德义务感，从而产生助人行为。

⑤**学习理论**，认为儿童在成长的过程中助人行为的规范是通过学习实现的。而在学习过程中，强化和模仿很重要。

（3）助人行为的影响因素可以从三个方面来讨论：**情境因素、助人者特点、求助者特点**。

①情境因素中他人的存在、环境条件因素和时间压力因素都可能会影响到助人行为的发生。他人存在可能会产生旁观者效应，即有他人存在的时候，人们不大可能去帮助他人。环境条件因素即物理环境也会影响人们的助人意愿。阳光明媚，气温适中的天气下，人们较为愿意帮助他人，而在噪音环境下，人们帮助他人的概率会大大降低。时间压力因素是指如果人们的时间压力较大，即有更重要的事情要办则不太愿意帮助他人。

②从助人者角度来说，助人者的人格因素、心情、内疚感、宗教信仰等可能会影响到助人行为的发生。助人者的人格因素中，社会赞许性需求高的个体，利他行为比较多。心情好的个体比较乐于帮助他人。当人们做了一件自己认为是错误的事时唤起的不愉快的情绪即内疚感会使个体帮助他人去降低内疚感。有宗教信仰的人比没有宗教信仰的人从事更多的助人活动。

③从求助者角度来讲，求助者的被喜爱程度，是否值得他人帮助和性别等都会影响到助人行为。长相漂亮的人更容易受到喜爱，进而更容易得到帮助。相比于喝醉酒的人，人们更乐意照顾生病的人。男性比女性有更高的助人倾向，但只表现在对女性的求助者身上。

2. 论述人际关系的发展阶段。【南京师范大学 2014】

【**考点**】社会心理学；社会关系。

【**解析**】奥尔特曼和泰勒提出了人际关系发展四个阶段：

（1）交往定向阶段：交往定向阶段涉及交往对象的选择，包含着对交往对象的注意、抉择和初步沟通等多方面的心理活动。

（2）情感探索阶段：情感探索是双方探索彼此在哪些方面可以建立信任和真实的情感联系，而不是仅仅停留在一般的正式交往模式上。

（3）感情交流阶段：感情交流阶段，双方关系的性质开始出现实质性变化。此时双方在通常生活领域中涉及的人际关系安全感和信任感已经得到确立，因而沟通和交往的内容也开始广泛涉及自我的许多方面，并有较深的情感卷入。

（4）稳定交往阶段：在这一阶段，人们心理上的相容性会进一步增加，自我表露也更为广泛和深刻。此时，人们已经可以允许对方进入自己高度私密性的个人领域，分享自己的生活空间和财产。

第七部分

管理心理学

一、单项选择题

1. "胡萝卜加大棒策略"指的是(　　)【江西师范大学 2011】

A. 激励加惩罚　　　　　　　　　　　B. 物质激励加精神激励

C. 表扬加批评　　　　　　　　　　　D. 恩威并施

【答案】A

【考点】管理心理学;管理哲学;经济人假设。

【解析】胡萝卜加大棒通常指的是一种奖励与惩罚并存的激励政策,运用奖励和惩罚两种手段以诱发人们所要求的行为。它来源于一个古老的故事,要使驴子前进,就要在它的前面放一个胡萝卜或者用一根棒子在后面赶它。

2. 著名组织心理学家沙因曾说:"人类的最大需求并不可能都是一样的,而是因人、因时、因地而异的。"这句话背后体现的是怎样的人性观(　　)【华中师范大学 2015】

A. 经济人假设　　　B. 社会人假设　　　C. 复杂人假设　　　D. 自我实现人假设

【答案】C

【考点】管理心理学;管理哲学;复杂人假设。

【解析】复杂人假设认为,人不只是单纯的经济人,也不是完全的社会人,更不会是纯粹的自我实现的人,而应该是因时因地、因各种情况采取适当反应的复杂人。

二、简答题

1. 请简述组织管理心理学领域中有关人性假设的理论。【北京大学 2014、2015】

【考点】管理心理学;管理哲学。

扫一扫,看视频

【解析】人性观是管理理论的基础。在不同的时代,不同的管理学家和管理心理学家都会根据他们对人性的认识提出他们的管理理论。在历史上曾经出现过的人性假设包括:

①经济人假设:起源于亚当·斯密,认为人是以自身利益为追求目标的,工作的动机是获得报酬,因此一般人会尽可能规避工作,必须被人监督。

②自我实现人假设:马斯洛提出,认为人并无好逸恶劳的天性,工作是满足人的需要的最基本的社会活动和手段,只有将潜力全部发挥出来,人才能感受到最大的满足。

③社会人假设:梅奥认为工作中的物质利益对于调动生产积极性只有次要的意义,人们更

加重视工作中与周围人的友好关系,重视社会需要和自我尊重的需要。

④复杂人假设:薛恩认为人是复杂的,人的需要和反应因人、因时、因地而异。

⑤全面自由发展人假设:威廉·大内认为人需要的是一种平等、合作的关系,人在工作中需要被关心,需要参与感。

⑥决策人假设:西蒙认为无论是最高领导还是底层员工都是自主决策后采取相应行动的主体,认为人的理性是有限的,人在决策过程中是在寻求一个满意解答。

【备注】北京大学连续两年考了同一个题目。

2.什么叫霍桑效应? 心理学家如何解释这个效应?【北京大学2014】

【考点】管理心理学;管理哲学;社会人假设。

【解析】所谓"霍桑效应",是指那些意识到自己正在被别人观察的个人具有改变自己行为的倾向,来源于美国西方电器公司霍桑工厂的工人效率研究。心理学家梅奥在进行霍桑试验的过程中提出了管理理论中新的人性观:社会人假设。梅奥认为人最主要的激励来源是社会需要的满足,良好的人际关系和事业上的成就。与部门的奖励和控制相比,职工更容易对同级同事们组成群体的社交因素作出反应;职工对于管理部门的反应达到什么程度,要看主管对下级的归属需要、被人接受的需要以及身份感的需要能够满足到什么程度。在霍桑实验中,正是由于企业对于项目的重视,使员工在参与过程中感受到了关注与荣光,从而提高了工作的效率。

3.经济人假设的基本观点和管理措施是什么?【湖南师范大学2015;浙江师范大学2012;曲阜师范大学2011】

【考点】管理心理学;管理哲学;经济人假设。

【解析】经济人假设又叫唯利人假设,起源于享乐主义哲学和亚当·斯密关于劳动交换的经济理论,认为人的行为动机源于追求自身的最大利益。因此,需要用金钱、权力、组织机构的操纵控制使员工服从和维持效率。

雪恩提出经济人假设包括以下几点:

①职工们基本受经济性刺激物激励,无论何事,只要提供足够大的经济收益,职工就会去做。

②因为经济性刺激物被组织控制,职工处于被动,受组织驱使和控制。

③感情是非理性的东西,必须加以防范以免干扰人们对自身利害的理性权衡。

④组织能且必须用中和并控制人们感情的方式来设计,控制住人们无法预计的品质。

根据经济人假设的管理措施:

①管理的重点是完成生产任务。组织管理的一切工作都是为了让工人提高生产效率,完成组织任务。

②管理的原则是实行权威督导与控制。

③管理者的职能是充当"决策人"和"指挥人",决定一切,发号施令充分运用自己的管理权力。

④激励制度是实施个人奖惩——"胡萝卜加大棒"的政策。例如,用金钱来刺激工人的生产积极性,用惩罚来对付工人的"消极怠工"行为。

第七部分

4. 简述复杂人假设(超 Y 理论)管理理论框架下的管理措施。【湖南师范大学 2014】

【考点】管理心理学;管理哲学;复杂人假设。

【解析】(1)定义:人不只是单纯的"经济人",也不是完全的"社会人",更不可能是纯粹的"自动人",而应该是因时、因地、因各种情况采取适当反应的"复杂人"。

(2)主要观点:

①人不但复杂,而且变动很大。

②人的需求与他所在的组织环境有关,在不同的组织环境、时间和地点会有不同的需求。

③人是否愿意为组织目标做出贡献,决定于他自身的需求状况以及他与组织之间的相互关系。

④人可以以自己的需求、能力而对不同的管理方式做出不同的反应,没有一套适合任何人任何时代的管理方法。

(3)管理措施:

①采用不同的组织形式提高管理效率。

②根据企业情况不同,采取弹性、应变的领导方式。其核心是强调随机应变、以变应变。强调管理的不断创新。

③善于发现员工在需要、动机、能力、个性的个别差异,采取灵活多变的管理方式和奖励方式。

三、论述题

1. 请阐述马斯洛的需要层次理论,并结合该理论谈谈在企业管理中如何调动员工的工作积极性。【江西师范大学 2014;清华大学 2015】

【考点】管理心理学;管理哲学;自我实现人假设。

【解析】首先介绍马斯洛的需要层次理论:

(1)马斯洛需要层次理论认为人的需要是由以下五个等级构成的。即生理需要、安全需要、归属和爱的需要、尊重的需要、自我实现的需要。生理的需要是人对食物、水分、空气、睡眠等的需要,是人所有需要中最重要、最有力量的需要。安全需要是人们要求稳定、安全、有秩序等。归属和爱的需要是指一个人要求与其他人建立感情的联系或关系,归属于团体并在其中有影响力的一种需要。尊重的需要包括自尊和希望受到别人尊重的需要。自我实现的需要是指人们追求实现自己能力或潜能并使之完善化的需要。

(2)前四种需要直接关系到个体的生存,又叫缺失需要,属低级需要。第五种需要并不是维持个体生存所必需的,所以叫生长需要(成长需要),属高级需要。

(3)这五种需要都是人的最基本的需要。这些需要都是天生的、与生俱来的。

(4)需要的层次越低,它的力量越强,潜力越大。

(5)在高级需要出现之前,低级需要必须得到满足或部分满足。

(6)在种系发展和个体发展的过程中,高级需要出现的晚,只有人类才有自我实现的需要。

第七部分

（7）马斯洛后来又完善了他的理论，提出了认知的需要和审美的需要，分别位于需要层次理论的第五层和第六层。认知的需要即渴求知识的需要。审美的需要即对美的事物的追求。

然后，根据这个理论，在企业管理中应这样调动员工的工作积极性：

第一，对应生理的需要，员工追求的是高薪、高福利。管理者则要注意员工收入的提高以及休假、节假日等福利及身体保健方面的设施。

第二，对应安全的需要，员工追求的是职位的保障和意外事故的防止。管理者要有雇佣保证，建立退休金制度、医疗保险制度及意外保险制度等。

第三，对应归属与爱的需要，员工追求的是良好的人际关系，组织内的和谐，管理者要通过建立协谈制度、利润分配制度及成立各种业余的协会等。

第四，对应尊重的需要，员工追求的是地位、名分、权力、责任及与他人相对的薪水高低。管理者要学会运用各种员工参与制度，调动员工的积极性和创造性。注意在公开场合对员工表达感谢，公开表扬或对员工表示注意等使员工感到被尊重和肯定。

第五，对应自我实现的需要，员工追求的是能发展个人特长和才华的组织环境，以及具有挑战性的工作。管理者要通过建立决策参与制度、培训制度为员工实现更高层次的需要提供活动的舞台。

2. 试述社会人假设的主要观点和管理策略。【浙江师范大学 2011】

【考点】管理心理学；管理哲学。

【解析】社会心理学家梅奥通过著名的霍桑实验发现了组织成员的社会需要和自我尊重需要，从而提出了社会人假设。社会人又称社交人。社会人假设认为，人们在工作中得到的物质利益对于调动生产积极性只有次要作用，人们最重视的是工作中与周围人的友好关系。良好的人际关系是调动职工生产积极性的决定因素。

（1）社会人假设的基本观点。

①社交需求是人类行为的基本激励因素，人际关系则是人们形成身份感的基本因素。

②工业革命中的机械化使工作丧失了许多的内在意义，这些丧失的意义需要从工作期间的社会关系中寻找回来。

③与管理部门的奖励和控制相比，职工更易对同级同事组成的群体的社交因素作出反应。

④职工对管理部门的反应达到什么程度取决于主管对下级的归属需要、被人接受的需要以及身份感的需要能满足到什么程度。

（2）根据社会人假设采取的管理措施。

①管理者应注意满足职工的各项社交需要，而不局限于任务本身。

②管理者不仅要注意对下属的指导和监控，更应关心他们心理上的健康、归属感与地位感。

③要重视班组的存在，在考虑个人奖励之外也应考虑集体奖励。

④管理者不是简单的任务下达者，还应是给职工创造条件、方便，富有同情心的支持者。

第七部分

| 第二章 | 组织激励 |

一、名词解释

1. ERG 理论【湖南师范大学 2014】

【答案】奥德佛在马斯洛需要层次理论的基础上提出了新的人本主义需要理论,将需要层次进行重组后提出了三种人类需要,即生存需要、关系需要及成长需要,三种需要的首字母分别为 E、R、G,因此被称为 ERG 理论。

2. 工作再设计【湖南师范大学 2014】

【答案】工作再设计指的是:为了适应发展的需要,对某种工作的任务或完成任务的方式做出改变的过程。

3. 激励【湖南师范大学 2015】

【答案】激励指的是通过某些精神或物质的刺激,激发人的工作动机,使人朝着组织所希望的目标和方向前进的心理活动过程。

4. 目标激励【苏州大学 2014】

【答案】使需要转化为动机,再由动机支配行动以达到目标的过程,就是目标激励。

5. 组织公平感【天津师范大学 2013】

【答案】组织公平感是组织内部人们对与个人利益有关的组织制度、政策和措施的公平感受,包括分配公平感、程序公平感和互动公平感。

6. 组织行为矫正【山东师范大学 2013】

【答案】组织行为矫正又称行为矫正,指的是采用有规律的、循序渐进的方式引导出所需要的行为并使之固化的过程,它是强化理论在管理实践中的应用。

二、简答题

1. 简述工作特征理论的内容。【湖南师范大学 2014】

【考点】管理心理学;组织激励。

【解析】(1)主要观点:哈克曼提出的工作特质理论认为,工作特征是影响员工工作行为的重要因素,通过改变工作特征可以改变员工的行为。任何工作都可以通过客观工作特征的维度来描述:

①技能的多样性,也就是完成一项工作涉及的范围包括各种技能和能力。

②工作的完整性,即在多大程度上工作需要作为一个整体来完成。

③任务的重要性,即自己的工作影响其他人的工作或生活的程度,不论是在组织内还是组

织外。

④主动性,即工作允许自由、独立的程度,以及在具体工作中个人制订计划和执行计划时的范围。

⑤反馈性,即员工能及时明确地知道他所从事的工作绩效和效率。

可将上述五种工作特质加以综合,形成一个"激励潜在分数"作为工作特质的指标。

(2)管理措施:依据工作特质理论进行工作设计,可以把那些缺乏激励、满意感较低的工作系统地重新构造:

①任务合并:多项工作合并,把割裂开的工作进行组合,形成较大的工作单位,以提高任务的完整性与技能多样化。

②形成自然的工作单位:按工作类型、顾客群体、地理位置等形成自然的工作单元,使工作具有内在逻辑联系与完整性,以提高任务的完整性与重要性。

③建立客户关系:让员工与客户建立直接联系,使员工有机会直接获取用户信息,以提高工作的自主性、技能多样化和反馈性。

④纵向分配工作:把原来由上级控制的权力和职责下放,增强员工在工作活动方面的自由度,以提高工作自主性。

⑤开辟反馈渠道:为员工提供更多反馈渠道,帮助他们及时准确地了解自己的工作状况与结果。

2. 简述洛克的目标设置理论。【北京大学 2015】

【考点】管理心理学;组织激励;目标设置理论。

【解析】目标设置理论由美国马里兰大学埃德温·洛克提出。该理论认为挑战性的目标是激励的来源,对于一个人的行动而言,具有一个明确而具体的目标比没有目标更能激发人的积极性。在设定目标时,要特别注意任务的难度和清晰度,清晰并且难度适中的任务激励效果最佳。

目标设置理论的研究发现,目标通过四种机制影响成绩:①目标具有指引功能;②目标具有动力功能;③目标影响坚持性;④目标通过唤起、发现、或使用与任务相关的知识和策略,来间接影响行动。因此,洛克建议在组织管理中采用目标明确化,同时在工作中应该及时给予反馈,说明与目标的差距。更进一步就是让员工参与目标设置而不是仅由管理人员规定,可以增加目标的合理性、可接受性,增加员工对目标的认同,会因此产生更大的激励作用,提高工作绩效。

3. 介绍霍兰德职业兴趣理论的内容、原理,对于个人和企业管理的意义和作用。【北京大学 2016】

【考点】管理心理学;组织激励。

【解析】内容:美国心理学家霍兰德于 1959 年提出了具有广泛社会影响力的职业兴趣理论。他认为人的人格类型、兴趣和职业密切相关,兴趣是人们活动的巨大动力。凡是有兴趣的职业,人们都愿意积极、愉快地从事该职业,有助于在该职业上取得成功。霍兰德认为人的职业兴趣可以分为现实型、研究型、艺术型、社会型、企业型和常规型六大类。人与职业环境的匹配形成了职业满意度、成就感的基础，匹配程度也分为三种：人职协调、人职次协调、人职不协调。

原理：人们通常倾向选择与自我兴趣类型匹配的职业环境，如具有现实型兴趣的人希望在现实型的职业环境中工作，这样可以最好地发挥个人的潜能。但在具体职业选择中，个体并非一定要选择与自己兴趣完全对应的职业环境，因为个体本身通常是多种兴趣类型的综合体，出现单一类型显著突出的情况不多，因此评价个体的兴趣类型时也常以其在六大类型中得分居前三位的类型组合而成，组合时根据每个类型得分高低依次排列字母，构成其兴趣组型。

对个人的意义和作用：

①提示了人职匹配的重要性，求职者必须加强自我探索，了解自己的性格优劣势、能力上的长短板、自身的兴趣与梦想及适合自己的社会环境等，尽最大努力选择一个与自身素质相符的职业，实现自身价值的同时也有强烈的主观幸福感。

②求职者也应加大对自身理想和有能力做的职业的深入认识，不仅是薪资福利、工作能力要求，更包括工作环境、晋升机制、领导风格等。

对企业管理的意义和作用：

①在招聘选拔的过程中，首先要弄清岗位特质与岗位人才特质，并理清核心特质与边缘特质。
②针对这些特质选择特有的适合企业的考察方式，凡不符合核心特质的人才坚决不招。
③在试用期，加大对核心特质的培养与考察，优中选优。
④对于绩效考评结果不理想的员工，对其进行深入的分析，如有必要调换部门。

4. 激励员工应注意什么问题？【辽宁师范大学 2013】

【考点】管理心理学；组织激励。

【解析】激励是指激发人的动机，使人有一股内在的动力，朝着所期望的目标前进的心理活动过程。激励员工的最终目的是提高员工的工作绩效。激励员工应注意以下问题：

①注意满足员工的多种需要。虽然不同的理论对员工需要的分类不同，但都认为员工的需要是多种多样的，对员工的激励应该兼顾多种需要，并且重点满足当下最急迫的需要。

②应采用多种激励相结合的方式。外在激励包括福利、晋升、表扬、嘉奖等，内在激励包括责任感、荣誉感、成就感等。外在的激励虽然效果明显，但不易长久，内在激励虽然耗时较长，但是一经激励，不仅可以提高效果，而且能够持久。

③激励也要有一定的程序。一般程序如下：了解需要、情况分析、利益兼顾、目标协调。遵循程序的激励不仅能够激励目标员工，而且能够增强透明度，提高整体的公平感。

④注意对激励效果的评估。激励是一种手段，目的是提高工作效率，如果没有进行闭环的评估，就丧失了激励真正的意义。

5. 小孩打玻璃，大人给奶糖，小孩继续打。改给花生米，小孩不打了。用心理学理论分析并讨论对管理工作启示。【鲁东大学 2015】

【考点】管理心理学；组织激励。

【解析】题目中描述的是被称为过度理由效应的现象。过度理由效应是指附

扫一扫，看视频

加的外在理由取代了人们行为原有的内在理由而成为行为的支持力量,其行为从而由内部控制转向外部控制的现象。在题目中,小孩最初打玻璃或许只是出于好玩、发泄等内在原因,但是当父母给予奶糖的奖励之后,小孩打玻璃的原因就变成了获得奶糖奖励,动机由内部动机转为外部动机。当奖励从奶糖变为花生米时,小孩认为奖励减少了,动机降低了,因此停止了行为。

过度理由效应对于管理工作的启示在于,对员工的激励应该注意方式、方法。

①采用内外结合的激励形式,而不是使用单一的物质奖励或外部奖励,避免形成长期依赖。

②在员工有较强内在动机的情况下,避免过强的外部物质奖励,避免外部动机代替内部动机。

③采用外部奖励的时候要注意前后程度的一致性,避免由于奖励水平的降低导致员工的懈怠。

④注意培养员工的内在动机,降低员工对于外在奖励的依赖性。

6. A公司根据发展目标以及对员工的能力调查,拟定了详细的员工培训计划,并外聘名师对员工进行培训。培训过程中,员工认为名师们讲的东西都非常好,对他们很有启发。管理者后来却发现,工作人员的工作行为并没有改变。

扫一扫,看视频

请以心理学相关理论为基础,分析A公司培训失败的原因,并提出相应的改进办法。【四川大学 2013】

【考点】管理心理学;组织激励。

【解析】组织对员工进行培训,是期望员工的行为能够改变,在管理心理学上被称为"行为矫正"。行为矫正是指采用有规律、循序渐进的方式引导出所需要的行为并使之固化的过程。行为矫正采用的是强化原理,而培训失败的原因在于强化方法应用不当。培训是一种观察学习,而班杜拉的观察学习理论告诉我们,行为最后的呈现是需要动机的,这个动机在工作中就是激励,也就是所谓的强化。

行为矫正理论认为,当员工行为和管理者的要求和目标相差很大时,要做出合乎理性的行为很困难,而如果只有满足标准才给予奖励,则奖励本身太渺茫,奖励很难奏效。这时候主动、循序地引导所需要的行为,才可能成功达到目的。

(1)行为矫正的正确步骤如下:

①识别与绩效有关的行为事件。员工所做的不同的工作对现在的贡献或意义不同,因此,行为矫正法首先要确认出哪些行为对工作绩效有显著影响。

②测量相关行为。管理者要确定绩效的基线水平,也就是要找到行为的基础效率水平,同时管理者还要识别行为的权变或绩效结果。采用分析方法鉴别工作行为的各种因素,以便及时了解各种行为出现的原因。

③拟定并执行策略性干预措施。为了强化必要的绩效和消除不必要的行为,应该采用适当的行为策略,以便奖励与高水平的绩效相当。

④评估绩效情况。正确评估绩效意义重大。行为矫正法的优点就在于它可以帮助管理者

成为有意识的激励者。

（2）采用恰当的激励方式。

①直接强化。只要出现所要求的行为就予以强化，在行为矫正早期比较重要。

②间断强化。使用奖金等方式进行间歇性强化，在行为已经较为稳定时使用。

③正面强化。对员工的某些期望的行为予以奖励以鼓励其重复出现。

④反面强化。对于主动改正、弥补的行为进行鼓励或免于处罚。

⑤惩罚。对不必要的行为进行惩罚，降低不必要行为的出现概率。

通过以上的方法，A公司的培训效果应该会有所提升。

第
七
部
分

第三章　　　　**领导理论**

一、名词解释

1. 管理方格理论【天津师范大学 2011】

【答案】管理方格理论认为:关心生产和关心员工是领导方式的两个维度,两个维度在不同程度上的相互结合可以形成多种领导方式。(1,1)型领导是虚弱型领导,既不关心生产,也不关心员工;(9,1)型领导是任务型领导,只重视生产;(1,9)型领导是乡村俱乐部型领导,与所有员工打成一片;(9,9)型领导是团队型领导,认为工作效率与个人投入状态有关,努力使员工视工作为享受。

二、简答题

1. 请简述鲍莫尔(Baumol)提出的领导者应具备的主要特质。【江西师范大学 2014】

【考点】管理心理学;领导理论;领导特质理论。

【解析】

(1)合作精神。愿意并能够与他人合作,在合作中使大家有愉快感。

(2)决策能力。能够依据客观规律和企业实际及时作出科学决策的能力。

(3)组织能力。善于进行人力、物力、财力等资源的合理配置能力。

(4)精于授权。即善于把集权与分权有机结合起来。做到大权独揽、小权分散,抓住大事,小权授予下级的能力。

(5)善于应变。即具有随机制宜、机动进取、不墨守成规的能力。

(6)勇于负责。即对各项工作有高度的责任感。

(7)勇于求新。即善于接受新事物、新环境、新观念。

(8)敢担风险。即有风险精神,敢于在一定条件下创造新局面的信心与决心。

(9)尊重他人。能够采纳下级的不同意见与合理化建议,尊重下级的人格与选择,不把自己的意志强加给别人。

(10)品德超人。即有较高的伦理道德,人格为下级所敬仰,善于控制自己的脾气,待人接物彬彬有礼,沉着稳重,态度和气友善,使下属心悦诚服。

2. 简述领导和管理的区别联系。【天津师范大学 2011;湖南师范大学 2015;南开大学 2014】

【考点】管理心理学;领导理论。

【解析】领导是指引导或影响个人或组织,在一定条件下实现目标的行动过程。

管理是指组织并利用其各个要素(人、财、物、信息和时空),借助管理手段,完成该组织目标的过程。

(1)领导与管理的区别:

①在制订计划上,管理侧重于制订详细的工作计划和时间安排表,保证预期结果发生;领导侧重于制订长远的发展目标和战略目标。

②在人员调配上,管理侧重于给具体的事情配备合适的人员,并指导员工开展工作;领导侧重于联合和激励整个团队的员工,让它们发挥整体的团队效用,以达到公司的远景目标。

③在计划执行上,管理侧重于控制和解决问题,随时准备着监督和纠正目标执行过程中的偏差;领导侧重于鼓舞和激励,帮助员工克服障碍,满足他们的各种需要。

④在结果上,管理侧重于产生可预测的结果,如按时提供顾客所需的产品;领导则侧重发现客观发生的各种巨大变化。

(2)领导与管理的互补:

①领导有余,管理不足。这样的组织往往有活力,善于变革,但制度不健全、秩序较混乱,难以持续发展。

②管理有余,领导不足。这样的组织往往秩序井然,但缺少活力,不愿意变革。

③领导不足,管理也不足。这样的组织最差,既没有活力又没有秩序。

④领导与管理均衡发展,优势互补,这是最理想的状态。

三、论述题

1. 论述领导风格理论。【北京大学 2015】

【考点】管理心理学;领导理论;领导风格理论。

【解析】领导风格理论起源于美国依阿华大学的研究者、著名心理学家勒温和他的同事们从30年代起就进行的关于团体气氛和领导风格的研究。勒温等人发现,团体的任务领导并不是以同样的方式表现他们的领导角色,领导者们通常使用不同的领导风格,这些不同的领导风格对团体成员的工作绩效和工作满意度有着不同的影响。勒温等研究者力图科学地识别出最有效的领导行为,他们着眼于三种领导风格,即专制型、民主型和放任型的领导风格。

①专制型领导只注重工作目标,仅关心工作任务和工作效率,但是对团队成员关心不够。在团队中,团队成员均处于一种无权参与决策的从属地位。团队的目标和工作方针都由领导者自行制定,具体的工作安排和人员调配也由领导者个人决定。领导者根据个人的了解与判断来监督和控制团队成员的工作。家长式作风导致上级与下级之间存在较大的社会心理距离和隔阂,领导者对被领导者缺乏敏感性,被领导者对领导者存有戒心和敌意,下级只是被动、盲目、消极地遵守制度,执行指令。团队中缺乏创新与合作精神,而且易于产生成员之间的攻击性行为。

②民主型领导注重对团体成员的工作加以鼓励和协助,关心并满足团体成员的需要,营造一种民主与平等的氛围。团队的权力定位于全体成员,领导者只起到一个指导者或主持人的作

第七部分

用,主要任务是在成员之间进行调解和仲裁。团队的目标和工作方针会尽量公之于众,征求大家的意见并尽量获得大家的赞同。具体的工作安排和人员调配等问题,均要经共同协商决定。有关团队工作的各种意见和建议会受到领导者鼓励,而且很可能会得到采纳,一切重要决策都会经过充分协商讨论后做出。在这种领导风格下,被领导者与领导者之间的社会心理距离较近,团队成员的工作动机和自主完成任务的能力较强,责任心也比较强。

③放任型领导采取的是无政府主义的领导方式,对工作和团体成员的需要都不重视,无规章、无要求、无评估,工作效率低,人际关系淡薄。团队的权力定位于每一个成员,领导者置身于团队工作之外,只起到一种被动服务的作用。领导者缺乏关于团体目标和工作方针的指示,对具体工作安排和人员调配也不做明确指导。领导者满足于任务布置和物质条件的提供,对团体成员的具体执行情况既不主动协助,也不进行主动监督和控制,听任团队成员各行其是,自主进行决定,对工作成果不做任何评价和奖惩,以免产生诱导效应。在这种团队中,非生产性的活动很多,工作的进展不稳定,效率不高,成员之间存在过多的与工作无关的争辩和讨论,人际关系淡薄,但很少发生冲突。

勒温等研究者最初认为民主型的领导风格似乎会带来良好的工作质量和数量,同时工作成员的满意度也高,因此,民主型的领导风格可能是最有效的。但通过研究发现了更复杂的结果。民主型的领导风格在某些情况下的工作绩效高于专制型的领导风格,但在另一些时候则低于或者几乎相当于专制型的领导风格。关于满意度的研究则与预期一致,民主型的领导风格下,群体成员的工作满意度比专制型的领导风格下的工作满意度高。

勒温能够注意到领导者的风格对组织氛围和工作绩效的影响,区分出领导者的不同风格和特性并以实验的方式加以验证,对实际管理工作和有关研究非常有意义。许多后续的理论都是从勒温的理论发展而来的。但勒温的理论也存在一定的局限,仅注重领导者本身的风格,没有充分考虑到领导者实际所处的情境因素,因为领导者的行为是否有效不仅取决于其自身的领导风格,还受到被领导者和周边的环境因素影响。

2.论述领导权变理论。【苏州大学 2016】

【考点】管理心理学;领导理论;领导权变理论。

【解析】(1)费德勒权变模型。

①基本观点:有效的绩效取决于领导者风格和情境之间的合理匹配。

扫一扫,看视频

②确定领导风格:最难共事量表(LPC)用以测量领导者风格是任务取向型还是关系取向型。

③三项关键的情境因素:

领导者-成员的关系:领导者为被领导者所接受的程度

任务结构:工作任务是否明确

职位权力:领导者所处地位的权力以及取得各方面支持的程度

④结论:领导者风格与情境相匹配时,会达到最佳的领导效果;提高领导者的有效性有两种途径:替换领导者以适应情境,改变情境以适应领导者。

（2）领导情境理论。

赫塞和布兰德在领导生命周期理论的基础上提出了领导情境理论。

①基本观点：领导者的领导方式，应同下属员工的成熟度相适应。

②他们将成熟度定义为个体对自己的直接行为负责任的能力和意愿。包括工作成熟度：人的知识和技能；心理成熟度：一个人做某事的意愿和动机。并将员工的成熟度由高到低分为四个阶段：

M1：人们对于执行任务既无能力也不情愿

M2：人们对于执行任务缺乏能力但愿意从事必要的工作

M3：人们对于执行任务有能力却不愿意干

M4：人们对于执行任务既有能力也愿意干

③情境领导理论使用两个领导维度：任务行为和关系行为。每一个维度有高有低，从而组合成四种具体的领导风格：指示（高任务－低关系）、推销（高任务－高关系）、参与（低任务－高关系）、授权（低任务－低关系）。

④他们认为，当下属的成熟度水平不断提高时，领导者不但可以减少对活动的控制，而且可以不断减少关系行为。

（3）路径－目标理论。

①豪斯认为：员工的工作满意度与绩效水平是紧密相关的，员工的工作满意度就是绩效水平带给他们视为很有价值的奖酬的程度。要获得有效的领导，领导者要能为下属指明实现工作目标的途径，为下属清理这一途径中遇到的各项障碍和危险，帮助下属达到他们的目标，并提供必要的指导或支持，以确保员工各自的目标与群体或组织的总体目标相一致。

②他确定了四种领导类型：指导型领导、支持型领导、参与型领导、成就导向型领导。

③提出了两个关键权变因素："员工特点""任务特征"。

④他认为，领导者是灵活可变的，应该根据员工需要和任务特征的不同，选择四种领导风格中的一种，并设法满足员工的期望，以提高员工的工作绩效和工作满意度。

（4）领导者参与模型。

弗洛姆和杰戈认为领导者在决策中的参与程度应与不同的情境相适应，提出五种领导风格，12 种权变因素。领导者可以根据不同的情境调整领导风格。

模型提出了从高独裁到高参与的领导风格连续体：

独裁 1（A1）：使用自己手头的资料独立解决问题或作出决策。

独裁 2（A2）：从下属那里获取必要的信息，然后独自决策。

磋商（C1）：与下属进行个别讨论，获得他们的意见和建议，决策可能受到或不受下属的影响。

磋商（C2）：与下属进行集体讨论，获得他们的意见和建议，决策可能受到或不受下属的影响。

群体决策（G2）：与下属集体讨论问题，与他们一起提出和评估可行性方案，并试图获得一致的解决方法。

第四章	组织理论

一、名词解释

1. 组织变革【湖南师范大学 2014】

【答案】组织变革指的是根据内外环境的变化要求,运用管理学、管理心理学的原理和方法,对组织的结构和技术进行更新,改变组织成员的心理和行为,以保持和促进组织效率的过程。简而言之,组织变革就是为了适应内外环境变化,对组织本身进行的整顿和修正。

2. 心理契约【华东师范大学 2014、2015、2016】

【答案】心理契约指的是在组织中的每个成员和不同管理者,以及他人之间,在任何时候都存在的没有明文规定的一整套期望。有的期望是比较明确的,如企业员工对薪水的期望;而有的期望则可能是不明确的,如对长期晋升的期望等。

扫一扫,看视频

【备注】华东师范大学连续三年考了同一道名词解释题。

3. 行为组织理论【湖南师范大学 2015】

【答案】该理论认为,人是组织中的灵魂,组织结构的建立只是为了创造一个良好的环境,使这个组织中的人比较顺利地实现他们的共同目标。行为组织理论的主要特点有:在形态上倾向扁平的组织结构、在集权与分权上偏重分权、在专业化分工上提倡专业化。

二、简答题

1. 简述团队组织发展。【苏州大学 2016】

【考点】管理心理学;组织理论;组织变革与发展。

【解析】含义:组织发展是所有计划性变革干预措施的总和,它致力于增进组织效率和员工的主观幸福感。

组织发展的方法有:

(1)敏感性训练:通过无结构小组互动来改变成员的行为。它不直接告诉受训者所需要学习的内容,而是让学员们自己在群体互动过程中去体会和总结。

(2)调查反馈:评估组织成员所持态度,识别和消除成员间认知差异的一种重要方法。

(3)相互作用分析:又称 PAC 人际交往理论,当人处于父母状态时,他们就会表现出更多的权威和优越感,倾向于控制和训斥他人;当人们处于成人状态时,他们就会比较客观和理智;当人们处于儿童状态时,就会表现得比较任性、感情容易冲动。"成人"与"成人"之间的交往是最优的。

(4)过程咨询:过程方面的顾问能有效地帮助观察者识别和解决组织所面临的重大问题。

（5）团队建设：主要目的就是利用团队成员之间的互动来提高成员之间的信任和开放程度。

2. 什么是组织承诺？并且简述其组织承诺的维度。【北京大学 2013】

【考点】管理心理学；组织理论；组织承诺。

【解析】组织承诺是指组织成员认同组织的目标与价值观，把实现和捍卫组织的利益和目标置于个人或小群体直接利益之上的态度和行为方式。它包括：①个人对组织目标和价值观的强烈信念和认同；②个人愿为组织的利益付出巨大努力的愿望；③个人渴望保持该组织的成员资格。

加拿大学者 Meyer 和 Allen 提出了组织承诺的三因素模型，三个维度分别是：

①感情承诺指员工对组织的感情依赖、认同和投入，员工对组织所表现出来的忠诚和努力工作是因为对组织深厚的感情，而非物质利益。

②持续承诺指员工对离开组织所带来的损失的认知，是员工为了不失去多年投入所换来的待遇而不得不继续留在该组织内的一种承诺。

③规范承诺指员工继续留在组织的义务感，是员工由于受到了长期社会影响形成的社会责任而留在组织内的承诺。

3. 商业组织中采用的培训方式有哪些？请至少简述两种。【北京大学 2015】

【考点】管理心理学；组织理论。

【解析】商业组织为了加强培训的效果，常常会依据不同的课程和不同的场合采用不同的培训方式。

（1）情景模拟培训法。

所谓情景模拟培训打破了传统的以讲授为主的教学模式，通过培训师创设现实和虚拟环境，创设问题情景、故事情景，让学员在各种情景中作出思考和行为，并对此行为后果进行反思。经过培训启发，达到掌握知识、开启智慧的目的。这种方法突出操作性，讲求趣味性，注重实效性，兼顾学理性，具有理论与实际高度结合、教师与学员高度投入、学员自身经验与模拟情景高度吻合的特点，而且可以使学员看到所做决策在类真实的虚拟环境中可能产生的影响。

开展情景模拟培训，要把握四个要点：①培训情境一定要切中培训主题；②开展培训前一定要精心设计、合理安排，综合考虑方方面面，使活动安排得高效紧凑；③在培训中积极营造氛围，让每一个参与者都融入到培训的氛围中；④培训结束后，要及时展开培训效果检测与评价。

（2）案例分析法。

又称个案研究法，是指把实际工作中出现的问题作为案例，交给受训学员研究分析，培养学员们的分析能力、判断能力、解决问题及执行业务能力的培训方法。该方法由哈佛大学开发完成，后被哈佛商学院用于培养高级经理和管理精英的教育实践。通过使用这种方法对员工进行培训，能明显地增加员工对公司各项业务的了解，培养员工间良好的人际关系，提高员工解决问题的能力，增加公司的凝聚力。

开展案例分析,要把握七个要点:①由于案例是从实际工作中收集的,学员无法完全了解个案的全部背景及内容。因此材料发完后,应仔细解释说明并要接受咨询,以确定他们对材料的掌握正确无误。②若小组在研究问题时思考方向与训练内容有误差,指导者应及时修正。③问题的症结可能会零散而繁多,因而归纳出来的对策也会零乱不整,因此小组有必要根据重要性及相关性整理出适当的对策。④各组挑出最理想策略时,若指导员发现各组提出的对策仅为没有新意的一般性对策,则指导员应加以提示,以促使他们更深入地思考。⑤在全体讨论解决问题的策略时,其他几组提出质询,并阐明与自己观点差异所在,以相互激发灵感,然后再作进一步的讨论。⑥指导员进行总结时,既要对各组提出的对策优缺点进行点评,又要对个案的解决策略进行剖析,同时还可以引用其他案例进一步说明问题。⑦指导员挑选案例时,应根据研习课程的目的,挑选适当的个案。

4. 简述组织文化的内容。【华中师范大学 2015】

【考点】 管理心理学;组织理论。

【解析】 组织文化是指组织成员的共同价值观体系和共同遵守的行为规范。组织文化具体内容包括:

(1)组织目标或宗旨,是组织文化建设的出发点和归宿。

(2)共同的价值观,是组织文化的核心。

(3)作风及传统习惯,是为达到组织的最高目标和价值观念服务。

(4)行为规范和规章制度,是确保组织文化的贯彻。

5. 组织变革通常面临哪些个体阻力?【华中师范大学 2014】

【考点】 管理心理学;组织理论。

【解析】 组织变革的阻力可以是多方面的,有社会的政治、经济、法律秩序等因素的制约,也有组织本身的体制、人员素质、技术、财力等因素的作用,主要是如下三个阻力因素:

(1)经济因素:经济利益得失的考虑往往也是变革的一种阻力。

(2)社会因素:组织中存在的非正式群体,会在组织变革时受到巨大的冲击,也可能成为变革的一种阻力。

(3)心理因素:

①急剧的变革,打破了常规,人们会感到陌生和不适应,心理上会失去原有的平衡,由此产生抵制变革的心理。

②大多员工安于现状,求稳怕乱,对需要冒风险的变革往往缺乏坚定的信心,这种心理惰性也是变革的一种阻力。同时,变革会带来内部人际关系的变化,从而导致人们心理上的紧张和不愉快。

③人事或技术的变革,会涉及人的地位的变化,员工原有的关于权力、地位的旧观念势必遭到冲击。

三、论述题

1. 能力强的员工,通常会表现出高的绩效,但也因此而具有更多的外部就业与发展机会,故离职倾向也较高,如何利用所学的管理心理学知识来处理这样的困境?【北京大学 2014】

扫一扫,看视频

【考点】 管理心理学;组织理论;组织承诺。

【解析】 促使客观上有更多外部就业和发展机会的员工留在组织内部,从管理心理学的角度上讲,就是提高其组织承诺度。当员工的组织承诺度高时,员工就不容易离职。

组织承诺是指组织成员认同组织的目标和价值观,把实现和捍卫组织的利益和目标置于个人或小群体直接利益之上的态度和行为方式,组织承诺属于态度范畴。

影响组织承诺的因素包括:

①管理性因素:分为领导因素、结构因素、工作或职务因素以及企业经济效益和财务状况。

②文化价值因素:不同的组织具有不同的企业文化,有不同的经营理念和价值取向,不同文化价值观对员工组织承诺产生影响。

③心理性因素:包括员工满意度以及对组织规章制度、特别是分配制度公平性的感受性。

④个人因素:包括性别、年龄、资历以及在组织中的地位。

⑤员工在组织中的地位感、控制感、是否受尊重,是否对决策有适当的控制力和影响力,对组织的战略和政策制定是否有必要的发言权。

根据影响组织承诺的因素,我们可以针对性加强以提高员工的组织承诺:

①积极地对领导进行培训,使领导拥有更加灵活多变的管理风格,能够适应不同个性特征的员工的需求。

②根据员工工作周期理论,做好工作再设计环节,应用工作轮换、工作扩大化、工作丰富化、弹性工作时间、工作分担、压缩工作周、在家办公等方法,使工作更加有趣、多样化,具有挑战性,使员工的工作状态尽可能地在兴奋期、发挥期和挑战期之间循环。

③制定令员工合理满意的规章制度和清晰、合理、公平的分配制度,赋予员工应得的薪资报酬。

④树立正确合理的企业文化观、价值观,向员工积极宣传企业的文化观和价值观,促进员工对企业文化观、价值观的认同。

⑤积极寻求员工的反馈,及时了解员工的满意度,对员工提出的问题予以及时的解释、解答和解决。

⑥尊重员工,对员工进行适当的鼓励和激励。

⑦赋予员工相应的地位,积极引导员工参与管理,提升其地位感、控制感。

当企业提升了对员工的组织承诺时,员工离职的意愿自然就降低了。

第七部分

第八部分

心理统计

| 第一章 | 描述统计 |

一、判断题

1. 在正态分布中,平均数、中数和众数都相等。(   )【四川大学 2013】

【答案】√

【考点】心理统计;描述统计;集中量数。

【解析】正态分布是一个对称分布。在正态分布中,平均数、中数和众数都相等。

二、名词解释

1. 差异量数【华南师范大学 2013】

【答案】差异量数是对一组数据的变异性,即离中趋势特点进行度量和描述的统计量,也称为离散量数。这些差异量数有全距、四分位差、百分位差、平均差、方差与标准差等,它们的作用都在于度量次数分布的离中趋势。

三、简答题

1. 简要介绍 Z 分数的定义、优缺点和应用。【华南师范大学 2014】

【解析】以标准差为单位表示一个原始分数在团体中所处位置的相对位置量数,叫作 Z 分数或标准分数。离平均数有多远,即表示原始分数在平均数以上或以下几个标准差的位置。

Z 分数有以下特点:

(1) Z 分数无实际单位,是以平均数为参照点,以标准差为单位的一个相对量。

(2)所有原始分数的 Z 分数之和为 0, Z 分数的平均数也为 0。一组原始分数转换得到的 Z 分数可正可负。

(3)所有原始分数的 Z 分数的标准差为 1。

(4)若原始分数呈正态分布,则转换得到的所有 Z 分数都是均值为 0,标准差为 1 的标准正态分布。

(5)原始分数转换为 Z 分数后,两者分布形状相同。

Z 分数的优点是可比性、可加性、明确性和稳定性。缺点是计算繁杂;有小数、负值和零;在进行比较时须满足数据原始形态相同这一条件。

Z 分数的应用:

(1) 比较几个分属性质不同的观测值在各自数据分布中相对位置的高低。

(2)计算不同质的观测值的总和或平均值,以表示在团体中的相对位置。

(3)表示标准测验分数。若标准分数中有小数、负数等不易被人接受的问题,可通过线性公式将其转化成新的标准分数。

2. 简述计算积差相关、等级相关、点二列相关数据应满足的条件。【首都师范大学 2014】

【考点】心理统计；描述统计；相关系数。

【解析】

积差相关：一般来说，用于计算积差相关系数的数据资料，需要满足下面几个条件：

(1)要求成对数据，即若干个体中每个个体都有两种不同的观测值，且不少于 30 对。

(2)两列变量各自总体的分布都是正态，即正态双变量，可取较大样本对两变量作正态性检验，或查阅相关资料。

(3)两个相关的变量是连续变量，即两列数据都是测量数据。

(4)两列变量之间的关系应该是线性的，可作相关散点图进行初步分析，或查阅相关资料。

等级相关：

(1)要求成对数据，但可以少于 30 对。

(2)对数据总体分布不作要求。

(3)两列变量是等级变量(顺序变量)。另外，等距和等比数据可以转换为顺序数据。

(4)两列变量之间的关系应该是线性的。

点二列相关：两个变量，其中一个是正态连续变量，另一个是客观二分变量。

第二章 推断统计

一、单项选择题

1. 样本的大小适当的关键是样本要有(   )【江西师范大学 2014】

A.代表性 　　　　B.特殊性 　　　　C.相关性 　　　　D.可比性

【答案】A

【考点】心理统计;推断统计;抽样原理。

【解析】样本的大小适当的关键是样本要有代表性,即能够根据样本的特征来推论总体的特征。从一个较小的但具有代表性的样本所获得的分数通常比来自较大的但定义模糊的样本的分数还要好。

2. 某研究探讨已婚人员和丧偶人员在幸福感问卷上的得分差异,该研究结果应该适用哪种统计方法?(   )【华南师范大学 2016】

A.方差分析 　　　B.卡方检验 　　　C.相关样本 t 检验 　　D.独立样本 t 检验

【答案】D

【考点】心理统计;推断统计;t 检验。

【解析】已婚人员和丧偶人员属于独立样本,探讨两总体的平均数的差异,用 t 检验。方差分析适用于两组以上总体的平均数差异的检验。卡方检验适用于对总体的非参数性质做假设检验,如总体的形态分布,或两次数分布的相关性质。方差分析比 t 检验的条件约束更多,在总体情况未知,样本数未知的情况下,采用 t 检验更合适。

二、多项选择题

1. 下列属于推断统计范畴的是(   )【江西师范大学 2011】

A.参数估计 　　　B.点估计 　　　　C.非参数估计 　　　D.区间估计

【答案】ABCD

【考点】心理统计学;推断统计。

【解析】推断统计主要研究如何通过样本数据所提供的信息,推论总体的情形。点估计是指用样本统计量来估计总体参数。区间估计是根据估计量以一定可靠程度推断总体参数所在的区间范围。点估计和区间估计都属于参数估计。非参数估计又称为非参数检验,是指在不考虑原总体分布或者不做关于参数假定的前提下,进行统计检验和判断分析的一系列方法的总称。

三、名词解释

1. 分层抽样【华南师范大学 2013、2016】

【答案】分层抽样先将总体的单位按某种特征分为若干次级总体(层),然后再从每一层内进行简单随机抽样,组成一个样本的方法,又称分类抽样或类型抽样。抽样原则是层间差异尽量大,层内差异尽量小,层间差异大于层内差异。分层抽样的特点是将科学分组法与抽样法结合在一起,分组减小了各抽样层变异性的影响,抽样保证了所抽取的样本具有足够的代表性。

2. 交互作用【华南师范大学 2015;苏州大学 2016】

【答案】交互作用是指一个因素对因变量的作用,在另一个因素的不同水平上不一致。即因素和因素相结合而对因变量产生的影响。

四、简答题

1. 简述假设检验的原理。【华南师范大学 2016】

【考点】心理统计;推断统计;假设检验。

【解析】假设检验的原理,是"带有概率保证的反证法"。具体包括:

(1)采用概率论中的"小概率事件原理"进行反证,即小概率事件在一次测试中不可能发生。

(2)在假设检验中,预先认定一个小概率值,在某个虚无假设下,如果计算得出某个事件发生的概率属于小概率,就说这个事件不可能发生,所作虚无假设是错误的,要拒绝虚无假设,接受备择假设,反之,则接受虚无假设。在假设检验中,这个小概率称为检验的显著性水平,记为α。常用 α 值有 0.01,0.05,0.10。α 越小,表示显著性水平越高。

2. 以 t 检验为例,简述假设检验的步骤。【华南师范大学 2015】

【考点】心理统计;推断统计;假设检验。

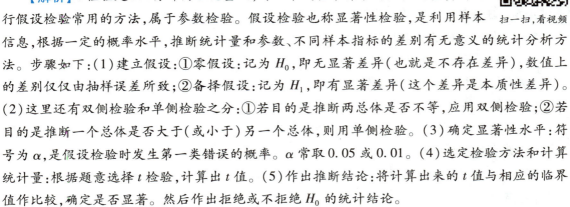

扫一扫,看视频

【解析】t 检验是以 t 分布为理论基础,对一个或各个样本的数值变量资料进行假设检验常用的方法,属于参数检验。假设检验也称显著性检验,是利用样本信息,根据一定的概率水平,推断统计量和参数、不同样本指标的差别有无意义的统计分析方法。步骤如下:(1)建立假设:①零假设:记为 H_0,即无显著差异(也就是不存在差异),数值上的差别仅仅由抽样误差所致;②备择假设:记为 H_1,即有显著差异(这个差异是本质性差异)。(2)这里还有双侧检验和单侧检验之分:①若目的是推断两总体是否不等,应用双侧检验;②若目的是推断一个总体是否大于(或小于)另一个总体,则用单侧检验。(3)确定显著性水平:符号为 α,是假设检验时发生第一类错误的概率。α 常取 0.05 或 0.01。(4)选定检验方法和计算统计量:根据题意选择 t 检验,计算出 t 值。(5)作出推断结论:将计算出来的 t 值与相应的临界值作比较,确定是否显著。然后作出拒绝或不拒绝 H_0 的统计结论。

【备注】首都师范大学 2012 年和云南师范大学 2014 年考题是"简述假设检验的步骤"。

第八部分

3.简述方差分析的基本条件。【华南师范大学 2013；首都师范大学 2011】

【考点】心理统计；推断统计；方差分析。

【解析】(1)方差分析又称"变异数分析"或"F检验"，是 R. A. Fisher 发明的，主要用来处理两个以上的平均数之间的差异性检验问题。它能够解决简单的 Z 检验和 t 检验所不能解决的问题，从某种意义而言，是 Z/t 检验的扩展。当我们用多个 Z/t 检验来完成这一过程时，会增加了Ⅰ型错误的概率。一般而言，设需要进行两两比较的次数为 N，则以 $t_{0.05/2}$ 为临界值时的Ⅰ型错误率为 $P_N = 1 - (1 - \alpha)^N$。所以两个以上平均数的差异检验用方差分析来解决。此外，当自变量(因素)不止一个时，Z 检验和 t 检验不能分析交互作用，而方差分析可以。

(2)方差分析逻辑：

实验组间的差异(称为组间差异)是组均值偏离总体均值的变异。由于不同实验组的实验处理不同造成的。

实验组内的差异(称为组内差异)是各个被试偏离组均值的变异。由于实验中一些希望加以控制的非实验因素和一些未被有效控制的未知因素造成的，它们统统被认为是误差因素(一般指抽样误差)。

把观察值的总变异分解为两个或多个部分，除随机误差外，其余各部分变异可由某个或某几个因素或它们的交互作用来解释。F 分布的统计推断可阐明某一或某些因素或因素间交互作用是否对观察值有影响。如果实验数据的总变异主要是由实验处理因素造成的，那么在总差异中组间差异将占较大比例，组内差异只占较小比例，这时有充分的理由认为实验处理有效果；反之，如果总变异主要是由误差因素造成的，那么就只能认为无实验处理效果。由于方差分析是要看组间差异是否显著大于组内差异，故方差分析的 F 检验是单侧检验。

(3)方差分析的基本条件。

①各处理条件下的样本是随机的。

②各处理条件下的样本是相互独立的，否则可能出现无法解析的输出结果。

③各处理条件下的样本分别来自正态分布总体，否则使用非参数分析。

④各处理条件下的样本方差相同，即具有齐性。

4.线性回归分析的基本假设有哪些?【四川大学 2015】

【考点】心理统计；推断统计；回归分析。

【解析】线性回归分析的基本假设有：

(1)自变量与因变量之间存在线性关系。

(2)当自变量是确定值的时候，因变量是随机值，但服从正态分布。

(3)自变量没有测量误差。

5.简述非参数检验的优缺点。【苏州大学 2016】

【考点】心理统计；推断统计；非参数检验。

【解析】非参数检验的优点：

（1）不需要严格的前提假设。

（2）特别适合顺序变量。

（3）特别适合小样本,计算简便。

非参数检验的缺点:

（1）未能利用数据的全部信息。

（2）不能处理交互作用。

6. 说明什么情况下只能使用非参数检验,而不使用参数检验。【北京大学 2016】

【考点】心理统计;推断统计;非参数检验。

【解析】非参数检验是假设检验中的一只轻骑兵,计算方法简单,与参数检验相比,最大的优点就是没有太多的前提条件限制。因此,当参数检验的严格条件不能满足时就只能使用非参数检验。

①不满足参数检验的严格前提假设,例如总体分布非正态、方差不齐性。

②数据较少,例如总体形态未知,总的样本或单组样本数少于30。

③搜集到的数据是顺序数据,且不能转换为等距和等比数据时。

④等比数据或等距数据被转换为顺序变量时。

五、计算题

1. 三组被试对三种颜色的反应时如下表【苏州大学 2016】

扫一扫,看视频

Source	SS	df	Ms	F	sig
Colors	0.3639	2	②	④	0.018
Errors	1.7387	①	③		
Total	2.1026	44			

问题:

（1）这是什么类型的实验设计?

（2）自变量有几个水平?

（3）统计方法是什么?

（4）①②③④这四个空填什么?

（5）统计效果是否显著?

【考点】心理统计;方差分析。

【解析】（1）单因素完全随机实验设计。

（2）三个水平,即三种颜色。

（3）单因素完全随机设计方差分析。

（4）为了方便起见，用 A 表示自变量 Colors，用 T 表示 Total，用 E 表示 Errors。然后有以下计算：

① $dfE = dfT - dfA = 44 - 2 = 42$

② $MSA = SSA/dfA = 0.18195$

③ $MSE = SSE/dfE = 0.04140$

④ $FA = MSA/MSE = 4.395$

（5）$Sig = 0.018$　　当 $\alpha = 0.05$ 的时候，统计效果显著。当 $\alpha = 0.01$ 的时候，统计效果不显著。或者说，实验处理在 0.05 水平上显著，在 0.01 水平上不显著。

第九部分

心理测量

第一章 测量信度

一、单项选择题

1. 测验的信度是指( ) 【江西师范大学 2013】

A. 正确性　　　　B. 针对性　　　　C. 一致性　　　　D. 有效性

【答案】C

【考点】心理测量;信度。

【解析】信度指的是测验结果的稳定性,又叫一致性。效度指的是测验结果的有效性。

二、简答题

1. 请指出各种信度系数所对应的误差来源。【首都师范大学 2014】

【考点】心理测量;信度。

【解析】重测信度是指同一个测量工具在两个不同时间对同一组被试施测所得结果的一致性程度。重测信度主要考查了一个测量工具是否能够保证在不同时间测量结果的一致性,它反映了测量工具的结果受到时间间隔因素影响的大小。

复本信度是指两个平行的测验(复本测验)测量同一批被试所得结果的一致性程度。复本信度的设计有两种。一种是同时测试,即在同一个时间段内进行测试;另一种是延时测试,即在两个时间段进行测试。复本信度(同时测试)反映了由于题目的不同所导致的测量误差。复本信度(延时测试)反映了由于题目内容以及时间间隔所导致的测量误差。

内部一致性信度,也称同质性信度,主要评价了测验各随机组成部分之间是否测量了相同的心理特质。因此,它反映的是题目内容的抽样一致性程度。具体估计方法主要包括分半信度评估法、库德－理查森信度评估法、克龙巴赫 Alpha 系数评估法。

分半信度是把一个测验的所有题目随机地划分成对半的两个部分,然后估计所有被试在这两个部分题目上得分的一致性程度。它评价了测验两个随机组成部分的题目是否测量了相同的心理特质。因此其误差来源是题目的内容。

库德－理查森信度是用所有可能的分半信度系数的平均数来作为完整测验的内部一致性最佳估计值。库德－理查森信度反映的是项目间一致性程度,它会严重地受到测验所测行为特质的同质性程度的影响。除此之外,题目内容也是其误差来源。

克龙巴赫 Alpha 系数是比库德－理查森信度更一般化的内部一致性信度估计方法。可以针对各种计分方式的题型进行估计。因此其误差来源与库德理查森信度的误差来源相同,均是所测行为的同质性程度和题目内容。

评分者信度是不同的评分者在评价被试作答反应时给的分数值的一致性程度(信度)。多用于主观题的评估。其误差来源于评分者之间的差异。

2. 简述信度的影响因素。【南京师范大学 2016;南开大学 2016】

【考点】心理测量;信度。

【解析】测量信度是测量过程中随机误差大小的反映,随机误差大,信度就低,随机误差小,信度就高。

(1)被试方面:单个被试而言:被试的身心健康状态、应试动机、耐心等会影响测量误差;被试团体而言:被试团体异质时,全体被试的总分分布必然较广,以相关计算出来的信度就必然会大。

(2)主试方面:主试不按照指导手册中的规定施测,故意制造紧张气氛,或者是阅卷人员标准掌握不一致,都会使信度大大降低。

(3)施测情境方面:考场是否安静,光线、通风情况都可能影响信度。

(4)测量工具方面:试题的取样,试题之间的同质性程度,试题的难度等是影响测验稳定性的主要因素。

(5)两次施测的时间间隔:时间间隔越短,其信度越大,时间间隔越长,信度可能越小。

一、名词解释

1. 测验的效度【陕西师范大学 2012；江西师范大学 2014】

【答案】 效度是指<u>一个测验实际能测出其所要测的心理特质的程度</u>，也是总变异中由所测量的特性造成的变异所占的百分比。

2. 效标关联效度【苏州大学 2016】

【答案】 效标关联效度是指一个测验对于特定情境中个体的行为或品质进行估计的有效性。其中，衡量一个测验是否有效的外在标准叫效标。

3. 表面效度【首都师范大学 2014】

【答案】 表面效度是指<u>外行人从表面上看测验是否有效，测验题目与测验目的是否一致的现象</u>。当外行人认为某个测验能够有效地测得某种心理特质时，该测验就被认为表面效度高。表面效度不反应实际测量的东西，所以不是真正的效度指标。一般说来，最佳行为测验往往要求表面效度高，其他测验则希望表面效度低。

二、简答题

1. 测验者要从几个方面来把握内容效度？【苏州大学 2016】

【考点】 心理测量；效度。

【解析】 效度的含义：是指一个测验实际测到的内容与所要测量的内容之间的吻合程度。估计一个测验的内容效度就是去确定该测验在多大程度上代表了所要测量的行为领域。

（1）逻辑分析法：又称专家评定法。首先明确想要测量内容的范围，包括知识的范围和能力要求两方面；然后确定每个题目所要测的内容（编制双向细目表）；最后制定评定量表。

（2）克龙巴赫法：从同一教学内容总体中抽取两套独立的平行测验，用这两个测验来测同一批被试，求其相关，若相关低，则两个测验中至少有一个缺乏内容效度；若相关高，则测验有较高的内容效度（除非两个测验取样偏向同一个方面）

（3）再测法：在被试学习某种知识前做一次测验（如学习电学之前考电学知识），在学习该知识后再做同样的测验。这时，若后测成绩显著的优于前测成绩，则说明所测内容正是被试新近学习的内容，进而证明该测验对这部分内容具有较高的内容效度。

2. 请简述心理测验中信度与效度的关系。【北京大学 2014；南开大学 2013；苏州大学 2017】

【考点】 心理测量；心理测验的信效度。

【解析】 信度是指测量结果的稳定性程度，即多次测量结果间的一致性程度，扫一扫，看视频 反映的是随机误差。效度是指一个测验或量表所能测出的其想要测量的心理特质的程度，即准不准的问题，是系统误差和随机误差的综合反映。

信度和效度的关系如下：

①信度高是效度高的必要非充分条件，即信度高不一定效度高，效度高信度一定高。

②测验的效度受它的信度制约。信度低的测验效度一定低。

③系统误差只能影响效度，但随机误差与信度、效度都有关系。

3. 提高效度的方法有哪些？【河北师范大学 2013；曲阜师范大学 2011】

【考点】 心理测量；效度。

【解析】 提高效度的方法有：

(1)测验构成方面：精心编制测验量表，避免出现较大的系统误差。

(2)测验过程方面：妥善组织测验，控制随机误差。

(3)测验环境方面：创设标准的应试情景，让每个被试都能发挥正常的水平。

(4)计算方面：选择正确的效标、定好恰当的效标测量，正确地使用有关公式。

三、论述题

1. 举例说明确立测验的构想效度的基本步骤。【首都师范大学 2014】

【考点】 心理测量；效度。

【解析】 构想效度又称结构效度，是指一个测验实际测到的心理特质和所要测量的心理特质的理论结构和特性相一致的程度，或者说它是指实验与理论之间的一致性，即实验是否真正测量到构造的理论。

确定构想效度的基本步骤是：

首先，从某一理论出发，提出关于某一心理特质的假设。

然后，设计和编制测验并进行施测。

最后，对测验的结果采用相关或因素分析等方法进行分析，验证与理论假设的相符程度。

(举例略)

2. 效度有哪些影响因素？【北师范大学 2014；南京师范大学 2014；南开大学 2012、2015；河北师范大学 2012、2014；曲阜师范大学 2011】

【考点】 心理测量；效度。

【解析】 效度的影响因素：

扫一扫，看视频

第九部分

（1）测验的构成：一般而言，增加测验长度可以提高信度，从而为提高效度提供了可能。

（2）测验的实施过程：施测过程如不按标准化进行或出现意外，则效度降低。

（3）被试情况：被试状态会造成随机误差从而影响效度；团体被试若缺乏必要的同质性（比如测老人智力时混进几个年轻的被试），则很可能得到不恰当的效度资料。

测验偏倚：不适当的测验施测在不适当的人群上所产生的偏差。

（4）所选效标的性质：效标本身质量优劣影响效度考查。

（5）测量的信度：如果信度低，那么效度必然低。

| 第三章 | 测验的项目分析 |

一、单项选择题

1. 大多数适合普通人群的测验如果要有较大的区分能力,一般应选择怎样难度的项目
(　　)【江西师范大学 2013】

A. 难度低　　　　　　B. 难度中　　　　　　C. 难度高　　　　　　D. 无所谓

【答案】B

【考点】心理测量;测验的项目分析。

【解析】中等难度的题目才有可能达到较高的区分度。如果题目很难或者很容易,就会发生地板效应或者天花板效应,导致区分度不高。

第四章	测验常模

一、名词解释

1. 常模【首都师范大学 2014；南开大学 2011；四川大学 2013】

【答案】 常模是根据标准化样本（一个足够大的、有代表性的样本）的测验分数经过统计处理而建立起来的、具有参照点和单位的测验结果评价参照系统。

第五章　心理与教育测验的编制与实施

一、简答题：

1. 测验分数解释的基本原则。【河北师范大学 2013；南开大学 2015】

【考点】 心理测量；心理与教育测验的编制与实施。

【解析】 解释测验分数时需要遵守以下几个原则：

（1）主试应充分了解测验的性质与功能。

（2）对导致测验结果的原因，解释起来应慎重，防止片面极端。

（3）必须充分估计测验的常模和效度的局限性。

（4）解释分数时应参考其他有关资料。

（5）对测验分数应以"一段分数"来解释，而不是以"特定的数值"来解释，因为有测量误差的存在。

（6）来自不同测验的分数，不能直接比较。

第六章	能力测验(智力测验)

一、单项选择题

1. 编制世界上最早一个智力测量表的是(　　)【西南大学 2014】

A. 吉尔福特　　　　　B. 推孟　　　　　C. 比奈　　　　　C. 韦克斯勒

【答案】C

【考点】心理测量;智力测验。

【解析】现代心理学最早使用智力测验的是法国心理学家比奈。1904 年应法国教育部长邀请,科学家与教育家组成了一个委员会,专门研究学校判断低能儿童的方法问题。比奈就是该委员会的成员。他与西蒙合作,于 1905 年发明了世界上第一个测量智力的具有成效的量表,即著名的"比奈 - 西蒙量表"。

2. 世界上第一个智力测验量表由(　　)编制而成。【江西师范大学 2014】

A. 比奈和西蒙　　　B. 高尔顿　　　　C. 韦克斯勒　　　　D. 西肖尔

【答案】A

【考点】心理测量;智力量表。

【解析】世界上第一个标准化智力测验量表是由法国心理学家比奈和医生西蒙于 1905 年编制而成的。

3. 以下哪个表示的是个体智力在年龄组中所处的位置?(　　)【江西师范大学 2014】

A. 离差智商　　　B. 比率智商　　　C. 百分等级　　　D. 标准九分数

【答案】A

【考点】心理测量;智力测验。

【解析】离差智商是一种以年龄组为样本计算而得的标准分数。离差智商 $= 100 + 15Z$,其中 $Z = (X - M)/S$,其中 M 代表团体平均分数,X 代表个体测验的实得分数,S 代表该团体分数的标准差,Z 代表该人在团队中所处位置,即他的标准分数。所以离差智商表示的是个体智力在年龄组中所处的位置。比率智商(IQ)被定义为心理年龄(MA)与实足年龄(CA)之比乘以 100。一个测验分数的百分等级是指在常模样本中低于这个分数的人数百分比。标准九分数是一较知名的标准分数系统,其量表是个 9 级的分数量表,它是以 5 为平均数,以 2 为标准差的一个分数量表。

4. 韦克斯勒智力量表的分量表主要包括(　　)【江西师范大学 2011】

A. 城市量表和农村量表　　　　　　B. 言语量表和操作量表

C. 成人量表和儿童量表　　　　　　D. 个体量表和团体量表

【答案】B

【考点】心理测量学;智力测验。

【解析】韦克斯勒智力量表的分量表主要包括言语量表和操作量表。韦克斯勒智力量表的版本主要有韦克斯勒成人智力量表和韦克斯勒儿童智力量表、韦克斯勒幼儿智力量表。

5. WAIS－R 中对诊断注意障碍最有效的分测验是(   )【江西师范大学 2014】

A. 图画填充   B. 木块图   C. 图形拼凑   D. 图片排列

【答案】B

【考点】心理测量;智力测验;韦氏智力测验。

【解析】图画填充测量人的视觉辨认能力,以及视觉记忆与视觉理解能力。填图测验有趣味性,能测量智力的 G 因素,但它易受个人经验、性别、生长环境的影响。木块图测量辨认空间关系能力,视觉结构的分析和综合能力,视觉－运动协调能力等。在临床上,该测验对于诊断知觉障碍、注意障碍、老年衰退具有很高的效度。图形拼凑测量处理局部与整体关系的能力、概括思维能力、知觉组织能力以及辨别能力。在临床上,此测验可了解被试的知觉类型,他对尝试错误方法所依赖的程度,以及对错误反应的应对方法。此测验与其他分测验相关较低,并对被试的鉴别力不甚高。图片排列测量分析综合能力、观察因果关系能力、社会计划性、预期力和幽默感等。它也可以测量智力的 G 因素,可作为跨文化的测验,但此测验易受视觉敏锐性的影响。

6. 通过斯坦福－比纳智力测验,一个 4 岁的儿童测得的儿童心理年龄为 5 岁,他的智商为(   )【江西师范大学 2011】

A. 80   B. 100   C. 125   D. 135

【答案】C

【考点】心理测量学;智力测验。

【解析】斯坦福—比纳量表的智力计算的方法为比率智商,公式为 $IQ = MA/CA * 100$,其中 MA 为心理年龄,CA 为实际年龄,则这个儿童的智商为125。

二、简答题

1. 可用于儿童智力发展评价的测验有哪些?【南京师范大学 2014】

【考点】心理测量;智力测验。

【解析】(1)瑞文标准推理测验,为非文字测验,用于 5 岁半以上智力正常的人。本测验由 60 道题目组成。项目系列由易到难排列,每一系列内部的项目亦由易到难排列。有两种题目形式组成:一种是从一个完整图形中挖掉一块。另一种是在一个图形矩阵中缺少一个图形,要求被试从提供的几个备选答案中,选择出一个能够完成图形或符合一定结构排列规律的图案。每一项目均为"1""0"计分。最后根据总分查得常模表中相应年龄组的百分等级。该测验的优点在于测验对象不受文化、种族与语言条件的限制,适用年龄范围也很宽。该测验既可个别施测又可团体施测,使用方便,省时省力。

第九部分

（2）中国比纳智力测验，适用于 2～18 岁。量表包括 51 个试题，包括大量的认知作业和操作作业，由易到难排列，测验为个别进行。尽管本量表在国外没有韦克斯勒量表那样被广泛采用，但仍然是较有影响的智力测验之一。

（3）韦克斯勒智力量表。是目前使用最广泛的智力量表之一。它分成人量表（WAIS）、儿童智力量表（WISC）和幼儿智力量表（WPPSI）。三个量表既各自独立，又相互衔接。WISC 适用 6～16 岁，目前国内广泛使用于心理、教育、医学等领域。分为言语测验和操作测验两大部分，每部分包括六个分测验。WPPSI 是 WISC 的扩延，用于 4～6 岁半。每套测验仍分为言语测验和操作测验两大部分，共计 11 个子测验，其中 3 个分测验（句子复述、动物房、几何图案）是为了适应幼儿特点而新编制的。

（4）斯坦福—比纳智力测验。1960 年版和 1972 年版的量表，适用于 2 岁到成人。

第七章 人格测验

一、单项选择题

1. 罗夏墨迹测验属于( )【西南大学 2014】

A. 成就测验　　　　B. 投射测验　　　　C. 自陈测验　　　　D. 智力测验

【答案】B

【考点】心理测量;人格测验;投射测验。

【解析】人格测验的种类主要分为投射测验和自陈测验两种,此外还有自我概念测验。其中自陈测验是根据要测量的人格特质,编制许多问题,要求被试进行回答,然后根据这些回答去衡量被试的人格特质,包括 EPQ 问卷、16PF 问卷等。投射测验是向被试提供一些未经组织的刺激情境,让被试在不受限制的情景下,自由联想,通过分析反应结果来推断其人格结构,包括主题统觉测验、罗夏墨迹测验等。

2. 以下属于人格投射测验的是( )【江西师范大学 2011】

A. MMPI　　　　B. 16PF　　　　C. TAT　　　　D. EPQ

【答案】C

【考点】心理测量;人格测验;投射测验。

【解析】MMPI 即明尼苏达多项人格测验,属于人格自陈测验;16PF 即 16 种人格因素测验,属于人格自陈测验;TAT 即主题统觉测验,属人格投射测验;EPQ 即艾森克人格问卷,属于人格自陈测验。

3. 不属于投射测验的有( )【江西师范大学 2015】

A. 罗夏墨迹测验　　B. TAT 测验　　　C. 16PF 测验　　　D. 句子完成测验

【答案】C

【考点】心理测量;人格测验;投射测验。

【解析】ABD 都是投射测验,16PF 是自陈测验。

4. 受社会赞许性影响不大的测验是( )【江西师范大学 2014】

A. 成就测验　　　　B. 智力测验　　　　C. 能力倾向测验　　　D. 投射测验

【答案】D

【考点】心理测量;人格测验;投射测验。

【解析】投射测验是向被试提供一些未经组织的刺激情境,让被试在不受限制的情景下,自由联想,通过分析反应结果来推断其人格结构的一种方法。投射测验由于呈现给被试的是一些模棱两可的刺激,被试在做反应时,受社会赞许性影响较小,防御性降低,与动机、情感和欲望等有关的人格特点就会暴露出来。

二、名词解释

1.投射测验【西南大学 2011；首都师范大学 2014；陕西师范大学 2012；南开大学 2012；浙江师范大学 2011；曲阜师范大学 2011**】**

【答案】投射测验是向被试呈现一些未经组织的刺激情境，让被试在不受限制的情景下，自由联想，通过分析反应结果来推断其人格结构的测验方法。其理论基础是弗洛伊德的人格理论，即如果给被试呈现一些模棱两可的刺激，当被试认真理解那些模棱两可的情节时，防御性降低，与动机、欲望等有关的人格特点就会显露出来。常用的投射测验主要包括主题统觉测验、罗夏克墨迹测验等。

三、简答题

1.请简述艾森克人格问卷的理论模型（即问卷的维度）。**【**江西师范大学 2014**】**

【考点】心理测量；人格测验。

【解析】艾森克认为人格类型由三个基本维度组成，即内倾－外倾、神经质和精神质，并根据这一理论编制了艾森克人格问卷，共包括四个分量表：

①E 量表（内－外倾），高分表示性格外向，可能好交际，渴望刺激和冒险，情感易于冲动；低分表示人格内向，可能好静，富于内省，除亲密朋友外，对一般人缄默冷淡，不喜欢刺激，喜欢有秩序的生活方式。

②N 量表（神经质），又称"情绪稳定性"，反应的是正常行为，并非指神经症。高分者可能常常焦虑、担忧、郁郁不乐、忧心忡忡，有强烈的情绪反应，以致出现不够理智的行为；低分者情绪反应缓慢而轻微，易于恢复平静，性情温和，善于自我控制。

③P 量表（精神质），并非指精神病，在每个人身上都存在。高分者可能表现为孤独、冷酷、敌视、怪异等偏于负面的人格特征；低分者能与人相处，态度温和，善解人意。

④L 量表（说谎量表），最初被用来测量说谎倾向，亦即承担效度量表的功能，但后来发现也可以作为一种人格特征，反映被试的社会朴实或幼稚水平。

2.简介 MMPI－2 的效度量表和原理。**【**北京大学 2016**】**

【考点】心理测验；人格测验。

【解析】MMPI 是明尼苏达大学哈撒韦和麦金利以经验法制定的目前应用最广大的人格量表之一，主要用于人格的临床评估。问卷共有 566 条项目，其中 16 为重复项目，所有项目涉及 26 个方面的内容。MMPI 分为 4 个效度量表和 10 个临床量表。

效度量表：

①Q 疑问量表：没有回答的题数和对"是"和"否"都做反应的题数。如果在前面 399 题中原始分超过 22 分，566 题原始分超过 30 分，则说明被测试者对问卷的回答不可信。高得分者表示逃避现实。

②L说谎量表：共15题，得分与教育水平、智力、社会经济地位等有关。原始分大于6,最好避免使用；大于10,为不可靠测验。分数高是追求尽善尽美，留好印象的指标。

③F诈病量表：共64题，分数高表示诈病或确系严重偏执。

④K校正量表：共30题，与L、F有关。分数高表明防卫态度，装好人。

原理：MMPI的编制采用了经验法（又叫效标团体法），因此效度量表的效度即为实证效度或者效标关联效度，是以实践效果作为检验有效性的标准。量表是通过在正常人和异常人中施测，保留有区分度的项目得出的，因此效度的判断也是通过实际的施测结果得出的。

3. 简述投射测验的理论基础。【苏州大学2014】

扫一扫,看视频

【考点】心理测验；人格测验；投射测验。

【解析】投射测验的理论基础是精神分析理论。其假设是：

（1）人们对外部事物的解释性反应都是有其心理原因的，同时也是可以给予说明和预测的。

（2）人们对外部刺激的反应虽然决定于所呈现的刺激的特征，但反应者过去形成的人格特征、他当时的心理状态以及他对未来的期望等心理因素也会渗透在他对刺激反应过程及其结果之中。

（3）正因为个人的人格会无意识地渗透在他对刺激情境的解释性反应之中，所以，通过向受测者提供一些意义模糊的刺激情境，让受测者对这种情境做出自己的解释，然后通过分析他解释的内容，就有可能获得对受测者自身人格特征的认识。

第九部分

<table>
<tr><td>第八章</td><td>常用临床心理测验</td></tr>
</table>

一、单项选择题

1. 16PF 适用于( )【江西师范大学 2013】

A. 8 岁以上的儿童及成人   B. 10 岁以上的儿童及成人

C. 16 岁以上的青年及成人   D. 20 岁以上的青年及成人

【答案】C

【考点】心理测量;常用临床心理测验。

【解析】16PF 适用于 16 岁以上的青年及成人。

第十部分 实验心理学

第一章   **实验心理学概述**

一、名词解释

1. 现场实验法【华南师范大学 2013】

【答案】现场实验法是实验法中的一种,也叫作自然实验法,在某种程度上克服了实验室实验的缺点,虽然也对实验条件进行适当的控制,但往往是在人们正常学习和工作的情境中进行的,因此自然实验的结果比较合乎实际。但是由于条件控制不够严格,因而难以得到精密的实验结果。

2. 操作定义【华南师范大学 2016】

【答案】操作定义是指用明确、统一、可以量化的术语对自变量进行定义,以方便实验操作。例如给高个子下定义:身高超过 1.8 米的人。

第二章 心理实验的变量与设计

一、单项选择题

1. 完全不会受到来自被试个体差异影响的实验设计类型是( )【华南师范大学 2016】

A. 完全随机设计　　　　　　　B. 被试内设计

C. 混合设计　　　　　　　　　D. 随机区组设计

扫一扫,看视频

【答案】B

【考点】实验心理学;实验设计。

【解析】被试内设计是指每个或每组被试接受所有自变量水平的实验处理的真实验设计,又称重复测量设计。由于每个被试接受所有自变量水平的实验处理,所以得出的因变量的差异可以归结为是由自变量的差异造成的,而不会有被试的差异混淆进去。

2. 如果要研究不同字体对男女阅读速度的影响,那么该实验的自变量,说法正确的是( )【华南师范大学 2016】

A. 两个被试内变量　　　　　　B. 两个被试间变量

C. 至少一个被试间变量　　　　D. 至少一个被试内变量

扫一扫,看视频

【答案】C

【考点】实验心理学;实验设计。

【解析】第一个自变量是字体,可以是被试内变量也可以作为被试间变量。第二个自变量是性别,有两个水平:男和女。性别是被试特点的自变量,只能作为被试间变量。

3. 下列说法错误的是( )【华南师范大学 2016】

A. 被试内设计中要注意使用拉丁方方法平衡顺序效应

B. 凡是研究过程中无关变量都要设法消除

C. 访谈研究设计中的核心内容是设计好访谈问题

D. 多因素实验设计相对于单因素实验设计的最大优点是可以分析多个因素的交互作用

【答案】B

【考点】实验心理学;实验设计。

【解析】凡是研究过程中无关变量都要设法消除,会使实验的外部效度降低,无法推论到样本的总体和现实中去,即实验结果会缺乏普遍性、代表性和适用性。另外,无关变量也无法全部消除,有些无关变量只能采取恰当的方法控制在一个恒定的水平。

【备注】"无关变量"这个词有两个含义。第一个含义是:不被研究者关心的、但影响实验结果的变量。第二个含义是：不影响实验结果的变量。对于第一个含义，我们建议使用"额外变量"这个词，以免混淆，而我们的这套书里也一直尽量用"额外变量"这个词。

4. 用一份满分是 10 分的问卷测量两组幼儿的数字计算能力，下列结果中存在天花板效应的是(　　)【华南师范大学 2016】

A. 两组幼儿的平均分分别为 9.7 分和 9.4 分，差异检验不显著

B. 两组幼儿的平均分分别为 9.7 分和 9.4 分，差异检验显著

C. 两组幼儿的平均分分别为 0.7 分和 0.4 分，差异检验不显著

D. 两组幼儿的平均分分别为 0.7 分和 0.4 分，差异检验显著

【答案】 A

【考点】 实验心理学；实验设计。

【解析】 天花板效应是因变量控制不当出现的一种现象，指反映指标的量程不够大，使反映都停留在指标量表的最高端。最终会导致无法有效地将被试区分开，即差异不显著。因此选 A。

二、判断题

1. 多因素实验设计中，研究者研究某一因素对多个因素的影响。(　　)【四川大学 2015】

【答案】 ×

【考点】 实验心理学；实验设计。

【解析】 多因素实验设计的意思是有多个自变量。所以，研究者研究的是多个因素对一个或多个因素的影响。

三、名词解释

1. 外部效度【华南师范大学 2014；首都师范大学 2017】

【答案】 外部效度指实验结果能够普遍推论到样本的总体和其他同类现象中去的程度，即实验结果的普遍代表性和适用性，也称为生态效度。影响因素主要有：实验环境的人为性、被试样本缺乏代表性和测量工具的局限性。实验的外部效度和内部效度是相互联系、相互影响的，一般而言可以在保证实验内部效度的前提下，适当采取措施提高外部效度。

2. 被试内设计【华南师范大学 2013；上海师范大学 2016】

【答案】 被试内设计是指每个或每组被试必须接受自变量的所有水平的处理的真实验设计，又称"重复测量设计"。其基本原理是每个被试参与所有的实验处理，然后比较相同被试在不同处理下的行为变化。优点有被试较少，效率较高；被试内设计比组间设计更敏感；被试内设计适用于研究练习的阶段性；而且可以控制个体差异。但缺点是被试接受不同的自变量水平的处理之间有误差，存在顺序和练习效应，同时也存在疲劳误差。

3. 实验者效应【苏州大学 2016】

【答案】 主试在实验中可能以某种方式有意无意地影响被试，使他们的反应符合实验者的

期望。

4. 双盲程序【华南师范大学 2015】

【答案】双盲控制是让实验操作者和实验被试都不知道实验的内容和目的,由此避免了主、被试双方因为主观期望所引发的额外变量。双盲控制是排除法的一种,是一种很好的控制额外变量的方法。

5. 皮格马利翁效应【北京师范大学 2011】

【答案】这个名词来自于一个古希腊神话故事:皮格马利翁雕刻了一个美女雕像,并且爱上了这个美女雕像,后来这个美女雕像变成了真人,并嫁给了他。皮格马利翁效应的含义是,主试的期望会影响到实验的结果,被试的行为会向着主试期望的方向发展。

6. 安慰剂效应【华南师范大学 2016】

【答案】安慰剂效应始于医生开药。有时候,医生给的药物只是维生素片之类,对病本身无任何作用,但是只要病人相信药物有效,服用后就会产生效果。在实验中,如果被试知道该实验的目的,就会顺从该目的给实验者应该的结果,以满足实验者的期望。此外,心理咨询师在咨询中向来访者提供"安慰剂",使来访者由于期望而促进心理障碍减轻或病情好转的现象也是安慰剂效应。

四、简答题

1. 多自变量实验的优点。【苏州大学 2016】

【考点】实验心理学;实验设计。

【解析】多自变量实验的优点有:

(1)做一项多自变量的实验比分别做多个实验效率高。

(2)做一项实验研究比分别做多项实验研究易于使控制变量保持恒定。

(3)最重要的是,在几个变量同时并存的情况下所概括的实验结果比从几个单独实验所概括的结果更有价值,更接近实际生活。

(4)可以得出因素间的交互作用效应,这是多因素(多自变量)实验设计的显著特点。

2. 简述内部效度和外部效度的异同。【华南师范大学 2016】

【考点】实验心理学;心理学实验的变量与设计。

【解析】效度是指一个测验或量表能够测出其所要测量的心理特质的程度,即准不准的问题。

(1)内部效度是指自变量与因变量间因果关系的明确程度。

外部效度是指实验结果普遍推论到样本所在总体和其他同类现象中去的程度。

(2)内部效度和外部效度的相同点:内部效度和外部效度是相互联系的,提高实验内部效度的措施可能会降低其外部效度,而提高实验外部效度的措施又可能会降低其内部效度。一般而言可以在保证实验内部效度的前提下,适当采取措施提高外部效度。

(3)内部效度和外部效度的不同点：内部效度的影响因素有生长和成熟、前测的影响、被试的选择和缺失、实验程序的一致性、统计回归等。

外部效度的影响因素有实验环境的人为性、被试缺乏代表性、测量工具的局限性。

五、论述题

1. 什么是研究的内部效度？它的影响因素有哪些？【浙江大学 2013】

【考点】实验心理学；实验设计的效度。

【解析】内部效度是指实验中的自变量与因变量之间的因果关系的明确程度。换句话说就是：如果是自变量而不是其他因素引起了因变量的变化，那么这个实验就具有较高的内部效度。所以内部效度与额外变量的控制有关。

影响因素包括：(1)主试－被试间的相互作用：要求特征和实验者效应；(2)统计回归；(3)其他因素：被试的选择分配、测验、成熟、历史、被试的亡失、仪器的使用、选择和成熟的交互作用等都对内部效度有一定的影响。

【备注】要适当阐述和解释。

六、实验设计题

1. 有人认为，智能手机的使用会使人际关系疏远。设计实验说明智能手机会对人际关系产生负面的影响。实验设计应包含问题提出、研究假设、实验设计、数据处理、结论等。【华南师范大学 2015】

扫一扫，看视频

【考点】实验心理学；实验设计。

【解析】**1 问题提出**

二十一世纪被称为电子信息的时代，随着互联网技术的成熟，移动通讯和无线网络技术在短短几年的时间迅速地发展起来。作为移动通信和无线网络技术的直接承载体——智能手机在生活中得到了广泛的普及。智能手机不但使人之间的交往模式发生了改变，也使人与人之间的交往脉络与过去相比有了质的变化。在使用智能手机的情况下，人们的人际交往对象、方式和内容等也发生了变化。本研究拟用实验的方法，探讨智能手机的使用状况对人际关系的影响。

2 研究假设

假设1：每天使用智能手机时间越长，人际关系质量越差。

假设2：连续使用智能手机天数越多，人际关系质量越差。

假设3：每天使用智能手机的时长与连续使用智能手机天数的交互作用。

3 方法

3.1 被试

通过论坛发帖、广告招募等方式征集48名大学生被试（由于大学生群体是智能手机使用的重要群体，故被试主要取自大学生群体）。年龄在18～24岁之间，其中男女各24名，专科生、三本院校、二本院校、一本院校学生各 12 名，在每个院校里从低年级到高年级的学生按等比例抽取。

招募时，必须告知被试智能手机的使用是有可能会对人际关系产生负面影响的，希望被试根据自身情况酌情参与。实验结束后，给予一定的被试费。被试均为心理健康的被试。

3.2 实验设计

采用 3×3 的混合设计，组间变量 A：智能手机的每天使用时长（被试随机分成三组，分别为每天不使用智能手机、使用 2 小时、使用 4 小时）；组内变量 B：连续使用的天数（前测、一个月后、三个月后）；因变量：自变量水平结合下的人际关系量表的得分。

控制变量：被试的性别、年龄、被试原先的智能手机使用情况、人际关系质量的情况。

3.3 实验工具

SCL-90 心理诊断量表，心理韧性量表，人际关系质量评价量表，智能手机使用程度量表。

3.4 实验程序

招募到被试以后，用两个量表分别测得所有被试的人际关系质量情况，智能手机使用情况。将被试分为三组，每组在年龄、院校、性别、人际关系质量、智能手机使用情况方面都尽量同质。

第一组被试每天不使用智能手机；第二组被试每天使用智能手机 2 小时（根据最初测量的"所有被试每天平均使用时长"而设定）；第三组被试每天使用智能手机 4 小时。

分别在一个月后、三个月后，再次对被试进行人际关系质量的测量。

实验结束后，如果证明智能手机的使用对人际关系有负面影响，承诺会为所有被试提供免费的辅导，帮助被试恢复到原先的人际关系水平。

4 统计方法

使用 SPSS17.0，对数据进行两因素混合设计方差分析，然后列表。

两因素混合设计方差分析表（A 是组间变量，B 是组内变量）

	SS	df	MS	F
组间				
	SS_A	$p-1$	SS_A/df_A	MS_A/MS 被试
	$SS(A×被试)$	$p(n-1)$	$SS(A×被试)/df(A×被试)$	
组内				
	SS_B	$q-1$	SS_B/df_B	$MS_B/MS(B×被试)$
	SS_{AB}	$(p-1)(q-1)$	SS_{AB}/df_{AB}	$MS_{AB}/MS(B×被试)$
	$SS(B×被试)$	$p(q-1)(n-1)$	$SS(B×被试)/df(B×被试)$	
总	SS_T	$n_{pq}-1$		

如果某个自变量的主效应显著,则需要进行事后检验。

5 预计结果

A 因素主效应显著。事后检验结果表明,每天使用时长三个自变量水平下,人际关系质量呈递减趋势,且各水平之间差异显著。由此认为,每天使用智能手机时间越长,人际关系质量越差。

B 因素主效应显著。事后检验结果表明,在前测、一个月后和三个月后这三个水平下,人际关系质量两两差异显著。由此认为,持续天数越多,人际关系质量越差。

交互作用不显著。

6 结论

智能手机的使用对人际关系有负面影响。

7 不足

如果智能手机的使用真的对人际关系有负面影响,那么连续三个月每天使用智能手机4小时会对被试产生最大的负面影响。除了实验开始之前的被试完全的知情权外,最好有后期的恢复措施,帮助被试恢复到较好的人际关系中。

【备注】这个题说了要用实验的方法,那么就必须对变量有所控制。如果只做相关研究,就完全错了。另外还要强调:考试的时候必须把方差分析表列出来,否则要扣分。每年都有很多考生在这一点上而丢分。

2.有学者认为压力本身具有积极与消极之分,但也有学者持反对意见,认为压力是积极的还是消极的完全取决于个体的认知评价。您认同哪种观点?请设计一个研究来验证自己的观点。【北京大学 2014】

【考点】实验心理学;实验设计。

【解析】我认同后一种观点:压力是积极的还是消极的,完全取决于个体的认知评价。

实验目的　证明压力是积极还是消极取决于认知评价

假设　　　H_0:积极评价下的压力反应与消极评价下的压力反应是相同的

　　　　　H_1:积极评价下的压力反应要好于消极评价下的压力反应

自变量　　压力评价是否积极(两个水平:是、否)

因变量　　压力反应——以答对数学题目的数量作为操作性定义

被试　　　招募80名大学生被试,男女各半

实验工具　计算机

实验范式　启动范式

实验材料　两份启动材料(一份讲的是压力有积极效果,一份讲的是压力有消极作用,并

且都列举了许多扎实的实验;后面都附了一些问题,用来欺瞒实验目的和增强启动效果);经过筛选、难度接近的 100 道公务员考试图形题(经测试,绝不可能在 1 小时内完成)。

实验过程:告知被试本实验的目的是研究当今大学生的智力水平,需要请被试在计算机上完成阅读理解和图形测验。在实验之前,将被试身上所有能够计时的东西单独放置。然后将被试完全随机分配阅读启动材料,并回答后面的问题,两组被试各 40 人。在开始图形测验前,通过指导语告知被试,整个测试是 100 道题目,1 个小时的作答时间,电脑有提醒功能,在剩下十分钟的时候电脑会自动进行提醒。然后请被试开始作答。实际上,无论被试做了多久,当完成 60 道题目时,电脑就会提醒仅剩十分钟时间,十分钟后电脑自动停止作答,并计算十分钟内的正确题量。答题结束后,请被试评价自己感觉到的压力是积极的、还是消极的,作为启动验证。之后向被试解释实验真实目的。

统计及结果:积极评价组答对的题目数为 X1,消极评价组答对的题目数为 X2;应用 Z 检验对双总体平均数进行差异检验

结果显著。

结论:压力是积极还是消极取决于认知评价。

【备注】两个观点并不冲突,在一个实验中可以证明其中一个,却也无法推翻另一个。

3.阅读下述摘要,请简要分析该研究的基本问题、研究思路、主要研究结论以及研究意义。【北京大学 2015】

Title:Perceived Supervisor Support:Contributions to Perceived Organizational Support and Employee Retention

扫一扫,看视频

Authors:Esenberger,Robert;et al. Journal of Applied Psychology,2002.

Abstract:three studies investigated the relationships among employees' perception of supervisor support(PSS), perceived organizational support(POS), and employee turn over. Study 1 found, with 314 employees drawn from a variety of organizations, that PSS was positively related to temporal change in POS, suggesting that PSS leads to POS. Study 2 established, with 300 retail sales employees, that the PSS – POS relationship increased with perceived supervisor status in the organization. Study 3 found, with 493 retail sales employees, evidence consistent with the view that POS completely mediated a negative relationship between PSS and employee turnover. These studies suggest that supervisors to the extent that they are identified with the organization, contribute to POS and, ultimately, to job retention.

【考点】实验心理学;实验设计。

【解析】研究的基本问题:员工知觉到的上级支持对员工知觉到的组织支持和员工存留的影响。

第十部分

　　研究思路：本研究用逐层递进的三个子研究证明了上级支持、组织支持和员工存留之间的关系；第一个研究是实验研究，第二个研究是相关研究，第三个仍然是相关研究，但做出了一个中介效应，进一步理清了三者之间的关系。

　　主要研究结论：上级支持的感知直接影响组织支持的感知；随着上级地位的提高，上级支持和组织支持之间关系变得更加紧密；上级支持影响了组织支持，最终影响了员工离职意愿，上级支持和离职意愿呈现负相关。

　　研究意义：该研究用实验方法论证了上级支持和组织支持之间的因果关系，明确了上级支持对于员工去留的影响；为进一步研究组织内部各种因素之间的关系指出了一条更加清晰的思路和方法。

<table>
<tr><td>第三章</td><td>反应时法</td></tr>
</table>

一、单项选择题

1. 甲和乙为两种实验处理,下列哪个实验结果说明存在反应时和准确率权衡现象?( )【华南师范大学 2016】

A. 反应时甲快于乙,正确率甲小于乙

B. 反应时甲快于乙,正确率甲大于乙

C. 反应时甲快于乙,正确率甲等于乙

D. 甲反应时慢于乙,正确率甲等于乙

【答案】A

【考点】实验心理学;反应时法。

【解析】在反应时测验时,被试在保证反应正确的前提下,反应越快越好,但反应太快时很难保证正确率,即正确率下降,因此被试需要在反应时和准确率之间进行选择。有的被试会牺牲正确率而换取速度,而另外一些则相反,这就是反应时 – 准确性权衡。在选项中,只有 A 体现了反应时和正确率的反比关系,因此答案是 A。

二、简答题

1. 简述影响反应时的因素。【华南师范大学 2013】

【考点】实验心理学;反应时法。

【解析】反应时是指刺激施于有机体之后,到有机体做出明显反应之间所需要的时间。一般而言,反应时会受到刺激变量和被试的机体变量的影响。

(1)刺激变量的影响(外部因素)。

①刺激呈现的感觉通道:不同感觉通道的刺激反应速度也有可能有所差异。

②刺激的物理特征:如刺激的大小、形状、颜色等物理属性。

③复杂程度:如平面图形、简单图形等单一刺激还是立体图形、复杂图形等复合刺激。

④刺激呈现方式:即刺激在平面中呈现还是在其他位置。

⑤是否有线索提示,以及线索与刺激的相容性:有线索存在时可能会加快对刺激的反应速度,并且线索与刺激的相似程度越高,促进作用越明显。

(2)机体变量的影响(内部因素)。

①机体的适应水平。

②准备状态:预备时间太短太长都不利于反应时,最佳预备时间是 1.5 秒。

第十部分

③练习次数：练习次数越多，反应越快，最后趋近于一个稳定值。

④动机和态度：惩罚反应时最短，其次是激励，常态反应时最长；不同的态度也会影响反应时。

⑤年龄和个体差异因素：25岁以前反应时随年龄增长而减少，学前期儿童反应时很不稳定，且不易得到较快的反应，7~8岁儿童反应时明显减少；25岁以后反应时逐渐增加；60岁以后开始有较大的增长。

⑥被试的身心状态：如疾病、兴奋类药物、麻醉和镇静类药物等的作用，练习和疲劳等因素。

| 第四章 | 心理物理学方法 |

一、名词解释

1. 最小可觉差【华南师范大学 2013】

【答案】刚刚能够引起差别感觉的刺激物之间的最小差异量,叫最小可觉差,简称 JND,也叫作差别阈限。对这一最小差异量的感觉能力,叫差别感受性。差别感受性与差别阈限在数值上也成反比。差别阈限越小,即刚刚能够引起差别感觉的刺激物间的最小差异量越小,差别感受性就越大。另外,如果假定最小可觉差在心理感受上具有等距性,JND 便能够用来建立等距量表。费希纳定律就是运用这种差别阈限法制作的心理量表。

2. 恒定刺激法【华南师范大学 2015】

【答案】恒定刺激法是传统心理物理法的一种,也称正误法、次数法,是以相同的次数呈现少数和几个恒定的刺激,通过被试觉察到每个刺激的次数来确定阈限。它是传统心理物理法中最准确、应用最广的方法,可用于测定绝对阈限、差别阈限等多种心理值。

二、简答题

1. 简述信号检测论在心理学研究中的应用。【华南师范大学 2015】

【考点】实验心理学;心理物理学方法;信号检测论。

【解析】信号检测论是一种新的心理物理学方法,它能把被试的辨别力和其反应偏向分开,因此在心理学研究中产生了巨大的影响,其主要的应用如下:

(1)在感知觉方面,用于测量个体的视觉、知觉、听觉和各种皮肤知觉等方面的感受性。

(2)在认知研究中,用于研究被试对不同特征的刺激的编码和判断,以及判断的标准和准确性等。进而对被试的信息加工过程进行分析。

(3)个体反应倾向性的评价。

(4)在内隐记忆、阈下知觉、意识的研究领域得到了广泛的应用。

第五章	心理学实验研究中的道德和伦理问题

一、论述题

1. 论述以人为被试的心理学实验的伦理道德。【陕西师范大学 2012】

【考点】实验心理学；心理学实验研究中的道德和伦理问题。

【解析】对待人类被试的基本原则是：对人的尊重、有益性和公正。对人的尊重指个人应被作为一个有自主权利的个体。研究者需告知被试或其监护人有关实验的信息，使被试可以自主决定是否参加实验。有益性指研究不仅应避免被试在研究中受到伤害，而且应尽力使被试从研究中受益。公正指研究者应平等地对待被试，对不同团体的被试，实验的风险和受益是无偏向的。为了落实上述原则，至少应该做到：

（1）知情同意。

知情同意是指在实验之前研究者要事先告知被试他们即将参加的实验的目的、过程、可能的不良后果等一系列与实验有关的事项，同时也要如实回答被试提出的问题，并要与被试或其监护人正式签订知情同意书，以确保被试自觉、自愿、平等地参与到实验中来。

（2）退出研究的自由。

在实验过程中，研究者要充分尊重被试的意愿，确保被试始终拥有中途随时退出研究的自由。

（3）免遭伤害的保护和信息咨询，消除有害后果。

研究者要如实回答被试提出的有关实验的信息，特别是有关免遭伤害的信息咨询。同时，研究者要尽量使被试从实验中受益，最大限度地降低实验对被试造成的不良影响。要公正对待和保护弱势群体，尽可能不选择肯定不能受益的被试团体。

（4）保护个人隐私。

对于被试提供的各种个人信息和实验数据，研究者有责任和义务为被试保密，在未经被试允许的情况下，不得以任何方式、任何理由将被试个人信息提供给他人。如果需要共享数据，可以将被试的个人信息删除，以确保被试的个人隐私。

【备注】其实相应的伦理还有很多，如"以礼相待""营造一个轻松的实验环境氛围"等。

学府考研图书编辑部
读者意见反馈表

尊敬的读者：

　　您好！非常感谢您对学府考研图书的信赖和支持。为了今后为您提供更优秀的心理学图书，请您抽出宝贵时间，填写这份读者意见反馈表，并寄至：

　　陕西省西安市碑林区友谊东路75号新红锋集团三层　　学府考研图书编辑部（收）　　邮编：710054

　　电话：029-82694829　E-mail：xuefubook@163.com

　　意见一经采用，即可获赠学府考研相关网络课程。期待您的参与，再次感谢！

☆ 读者个人资料 ☆

姓名：_____　　　　性别：_____　　　　年龄：_____　　　　职业：_____

文化程度：□ 大专及以下　　□ 本科　　　　　□ 研究生

电话：_____　　　　QQ：_____　　　　E-mail：_____

通信地址：_____　　　　　　　　　　邮编：_____

《应用心理硕士名校真题真练》

您是通过何种渠道得知本书的（可多选）？

□ 新华书店　　　　　　□ 民营书店　　　　　　□ 朋友推荐

□ 辅导班老师推荐　　　□ 网络　　　　　　　　□ 其他_____

您是从何处购买到此书的？

□ 新华书店　　　　　　□ 民营书店　　　　　　□ 辅导班

□ 网上书店　　　　　　□ 其他_____

影响您购买本书的因素（可多选）：

□ 封面、装帧设计　　　□ 封面文字介绍　　　　□ 价格

□ 广告宣传　　　　　　□ 前言和目录　　　　　□ 作者

□ 出版社　　　　　　　□ 内容质量　　　　　　□ 内文版式

您对本书的评价：

封面设计：

□ 很满意　　　　　　□ 满意　　　　　　□ 一般　　　　　　□ 较差

您的建议：_____

_____

内容质量：

□ 很满意　　　　　　□ 满意　　　　　　□ 一般　　　　　　□ 较差

您的建议：_____

_____

内文版式：

☐ 很满意   ☐ 满意   ☐ 一般   ☐ 较差

您的建议：_____

_____

体例结构：

☐ 很满意   ☐ 满意   ☐ 一般   ☐ 较差

您的建议：_____

_____

印刷质量：

☐ 很满意   ☐ 满意   ☐ 一般   ☐ 较差

您的建议：_____

_____

您是否知道学府考研？

☐ 知道   ☐ 不知道

您以前是否买过学府考研的图书？

☐ 买过（书名_____）   ☐ 没买过

您希望本书在哪些方面进行改进？

_____

_____

_____

其他意见和建议：

_____

_____

_____

_____

更多考研资讯请关注：

学府考研网址：http://exuefu.com

学府图书官方微博：http://weibo.com/xuefubook

学府图书官方微信：xf-book

[天天考研]

学府旗下小班直播课品牌，足不出户与名师互动上课

网址：www.360kaoyan.com

[学府APP]

下载学府考研APP,可免费享受以下高端增值服务

① 任课教师全程答疑，语音、图片、文字交流互动。
② 上课视频手机APP免费观看回放。
③ 课外免费选修课直播教学。
④ 学府手机背单词软件，既方便又快捷。
⑤ 每日一练，天天做题，天天讲评，学习既高效又便捷。
⑥ 在线交流，与同学互动无障碍。

学府考研APP

· 扫描下载APP ·

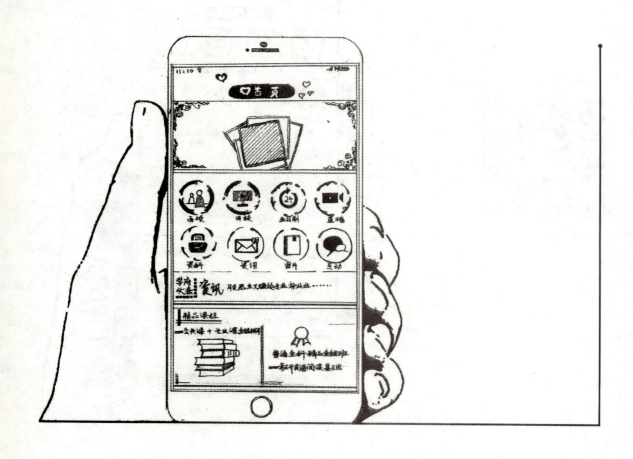